Aa

SOMMAIRE

N° 187 janvier-mars 2009

Série de trois volumes

Histoire de l'Allemagne de 1945 à 1989

22 € - disponible

22 € - juin 2009

22 € - octobre 2009

Bon de commande et de souscription

❖ COMMANDE À L'UNITÉ

❒ Volume 1

Je commande .... livre(s) x 22 € = ... €

J'ajoute la participation aux frais d'expédition :

• France et Monaco
❒ livraison gratuite pour toute commande supérieure à 20 €

• Union Européenne et Suisse
❒ **5** € pour 1 livre soit un total de 27 €
ajouter 2€ par livre supplémentaire

• Hors Europe : USA/Canada et Dom-Tom :
❒ 9 € pour 1 livre soit un total de 31 €
ajouter 4 € par livre supplémentaire

• Autres pays
❒ 13 € pour 1 livre soit un total de 35 €
ajouter 5€ par livre supplémentaire

Total : ....€
Frais d'expédition : ....€
Total de la commande : ....€

Commande sur le site www.septentrion.com
Règlement sécurisé par CB sur le site :
5% de réduction et **livraison gratuite**
en France métropolitaine et Monaco

❖ SOUSCRIPTION *(valable jusqu'au 30 septembre 2009)*

Bulletin de souscription à imprimer par vos soins et à renvoyer accompagné de votre règlement aux Presses Universitaires du Septentrion

❒ France, Monaco, Union Européenne et Suisse
Je souscris à l'achat des 3 volumes au prix réduit de **55 €** *franco de port*

❒ Reste du monde
Je souscris à l'achat des 3 volumes au prix réduit de **55 € +** frais de port **15 €** soit un total de **70 €**

LES TROIS VOLUMES ME SERONT ENVOYÉS À LA PARUTION DU TROISIÈME

Nom ....
Prénom ....
Adresse ....
....
....
Ville ....Code postal...............
Pays ....
Courriel ....

❒ J'accepte de recevoir des informations de Septentrion par mail

À retourner accompagné de votre règlement aux :
Presses Universitaires du Septentrion
rue du Barreau - BP 30199 - 59654 Villeneuve d'Ascq cedex - France

Nous contacter :
septentrion@septentrion.com - téléphone : 03 20 41 66 84 - Fax : 03 20 41 66 90

Règlement :
❒ chèque à l'ordre des PU du Septentrion

❒ virement au compte PU du Septentrion
Banque Populaire du Nord agence de Marcq-en-Barœul
IBAN : FR76 1350 7001 4500 2728 3190 054 - Adresse SWIFT : CCBPFRPPLIL

EDITORIAL

Recompositon des alliances entre partis et gouvernabilité de l'Allemagne

L'année 2009 a commencé en Allemagne par des élections anticipées dans le Land de Hesse, qu'Henri Ménudier analyse en détail dans ce numéro. Au centre des interrogations posées par une année de crise se trouvait le rôle du nouveau parti radical de gauche *Die Linke* auquel Jacques-Pierre Gougeon a consacré, dans notre précédent numéro N° 186 (oct.-déc. 2008, pp. 28-41), une étude fouillée qui remonte aux origines de ce parti, né de l'association du parti post-communiste de RDA, le Parti du socialisme démocratique (PDS), et de l'Alternative électorale pour l'emploi et l'équité sociale (WASG). Pour sortir le Land de l'impasse dans laquelle l'avaient mis les résultats du scrutin de janvier 2008, le leader du SPD de Hesse, Andrea Ypsilanti avait cherché à constituer une coalition gouvernementale SPD/Verts soutenue, au parlement de Wiesbaden, par *Die Linke*. La manœuvre était risquée puisque, pendant la campagne électorale de 2007/08, celle-ci avait exclu toute coalition avec *Die Linke* ; elle l'était encore plus si l'on tient compte du fait qu'A. Ypsilanti n'avait été portée à la tête du SPD de Hesse que par une courte majorité et devait donc compter avec une opposition conservatrice non négligeable au sein de son propre parti, qui, à vrai dire, ne s'est manifestée qu'en fin de parcours pour lui refuser son soutien. Sans doute A. Ypsilanti n'a-t-elle pas entièrement tort quand elle trouve aujourd'hui deux raisons majeures à son échec : le non-respect de ses engagements électoraux et un choix politique entre une politique conduite au centre et une réelle politique de réformes de gauche. Ce faisant, elle décrit assez bien le dilemme dans lequel se trouve le SPD, doublé sur sa gauche par *Die Linke* et confronté à une évolution du système des partis qui rend plus difficile la constitution de coalitions stables de gouvernement.

Tant que le PDS restait un parti régional dont les succès électoraux se limitaient aux Länder de l'ex-RDA (entre 13 et 26 % lors des élections fédérales de 2005), il ne pouvait prétendre jouer un rôle national. Son émergence lors de toutes les élections régionales qui ont suivi dans les Länder de l'Ouest depuis 2006 (de 3 à 8,4 %) et surtout son entrée, avec la WASG en tant que *Die Linke*, dans les parlements régionaux de Brême, Basse-Saxe, Hesse et Hambourg lui ont donné uns stature nationale qui a eu pour effet immédiat d'amener les autres partis de l'échiquier politique allemand à repenser leurs alliances. La CDU dirige à Hambourg une coalition gouvernementale avec la Liste Alternative Verte (GAL) tandis que le SPD n'exclut plus désormais aucun type d'alliance sur le plan régional. Dans la perspective des élections fédérales de septembre 2009, chacun veut rester libre de ses choix, aucun ne pouvant être sûr de pouvoir former le gouvernement avec la coalition qui aurait sa préférence : les Chrétiens-démocrates avec les Libéraux, les Sociaux-démocrates avec les Verts et pourquoi pas aussi avec les Libéraux dans le cadre d'une coalition tricolore, même si le programme économique de ces derniers est difficilement compatible avec le leur. Seule *Die Linke* peut difficilement compter, au niveau fédéral, sur son entrée dans quelque coalition que ce soit, en raison de son passé, mais surtout de son opposition fondamentale à l'OTAN et à toutes missions extérieures de la Bundeswehr. L'échec d'A. Ypsilanti a montré à quel point les états-majors des partis avaient, à l'Ouest, sous-estimé la résistance de l'électorat ouest-allemand à une combinaison politique incluant le PDS, héritier du parti dirigeant de la RDA, le SED. En voulant briser un tabou, celle-ci a livré à ses adversaires une arme électorale redoutable en plaçant le SPD sous le soupçon d'être, malgré ses affirmations contraires au plan fédéral, ouvert à une coalition avec *Die Linke* pour se maintenir au pouvoir à Berlin.

La question des alliances pose en même temps celle de la gouvernabilité de l'Allemagne dès lors que semble s'établir durablement un système à cinq partis, contre quatre et trois dans les décennies antérieures. Dans la mesure où il ne peut être assuré qu'il suffise à un « grand » parti d'obtenir le soutien d'un « petit » pour former une coalition gouvernementale stable, la perspective de la reconduction d'une grande coalition entre les grands partis, seuls susceptibles de former une majorité, s'en trouve confortée. Cette perspective pose à son tour la question du fonctionnement de la démocratie en Allemagne dès l'instant qu'elle n'aurait d'autre perspective à l'avenir que d'être gouvernée par une coalition de partis qui, au fond, devraient s'opposer et ne s'unir que de façon exceptionnelle et... dont le nombre d'adhérents a fondu ces vingt dernières années [1]. Du moins, y-a-t-il, en comparaison avec la Grande coalition des années 1966-69 une différence non négligeable. Face aux deux géants qu'étaient alors la CDU/CSU (47,6 %) et le SPD (39,3 %), l'opposition représentée par le FDP (9,5 %) était réduite à la portion congrue. Au moins y a-t-il depuis 2005 une opposition visible et audible, représentée à Berlin par les Libéraux (9,8 %), *Die Linke* (8,7 %) et les Verts (8,1 %), soit au total 26,6 % des votes exprimés. Mais cette évolution fait aussi problème puisque elle fait apparaître l'effritement des deux grands partis de rassemblement populaire : en 1966, CDU/CSU et SPD totalisaient 86,9 % des voix ; en 2005, ils n'en représentaient plus que 69,4 %. Les sondages d'opinion du début de l'année 2009 les créditent, ensemble, de seulement 60 % des intentions de vote (35 % pour la CDU/CSU et 25 % pour le SPD). Les trois autres partis sont crédités de 11 à 12 % des intentions votes avec un avantage au FDP qui, selon certains instituts de sondage, pourrait même atteindre18 % des voix ! [2] Et ces trois partis de se voir en passe de se transformer en partis de rassemblement populaire, sur le modèle de la CDU/CSU et du SPD. On relèvera que les partis d'extrême droite, malgré leurs offensives pour attirer l'attention sur eux, restent cantonnés nettement en dessous des 5 %, la fonction tribunicienne d'expression populiste du malaise social revenant à *Die Linke*. Les élections fédérales du 27 septembre prochains s'annoncent plus passionnantes que jamais.

– Jérôme VAILLANT –

A lire : nos collaborateurs publient ailleurs

Notre équipe est particulièrement active. Jean-Louis Georget vient de donner un très bon article sur la CDU/CSU au dernier numéro de *la Revue d'Allemagne* (Strasbourg). Jacques-Pierre Gougeon prépare un dossier « L'Allemagne, une nouvelle puissance ? » pour le cahier d'été (juin-juillet 2009) de *la Revue internationale et stratégique* (Paris, Iris) avec, outre des entretiens, les contributions suivantes : L'Allemagne puissance, par Jacques-Pierre Gougeon – Les relations germano-américaines : une nouvelle perspective, par Karsten Voigt – L'Allemagne et la Russie, par Stephan Martens – France-Allemagne : vers une nouvelle rivalité ?, par Jacques-Pierre Gougeon – L'Allemagne et l'Europe, par Maxime Lefebvre – L'Allemagne et l'Asie, par Olivier Guillard – Quelle politique de défense ?, par Jean-Pierre Maulny – La nouvelle politique culturelle extérieure de l'Allemagne, par Andreas Görgen – Une économie malmenée insérée dans la mondialisation, par Benoît Chervarlier – Le nouveau paysage politique allemand, par Jérôme Vaillant – Un modèle social en sursis ?, par Brigitte Lestrade – Le débat allemand en matière d'intégration et d'immigration, par Ernst Hillebrand – L'Allemagne face à son histoire, par Hélène Miard-Delacroix.

1. De partis de masse dépassant en 1977 le million d'adhérents, le SPD n'en compte plus que la moitié aujourd'hui, la CDU/CSU en compte légèrement plus, mais a vu ses effectifs fondre également d'environ 300.000.

2. Cf. http://www.wahlrecht.de/umfragen/index.html Seul l'institut de sondage Forsa crédite le FDP de 18 % des intentions de vote, deux autres le voient à 16 % et trois enfin, autour de 12-13 %.

Hans Brodersen*

L'Allemagne face à la crise

Visiblement, le monde, à l'issue d'une longue et vigoureuse phase d'expansion de sa production et de son commerce, avait besoin d'une pause avant de reprendre son souffle. De 2003 à 2007, la croissance mondiale s'était sensiblement accélérée pour atteindre 5 % en 2006/07 (contre 3 % par an entre 1990 et 2002). Portée à la fois par une croissance solide dans les pays industrialisés, dynamisée par celle des pays émergents et en développement, en forte expansion en 2006/07 avec 8 % par an, elle avait dopé le commerce mondial qui progressait, de 2003 à 2007, de 8 % par an également. L'Allemagne, plus que la France, a su tirer parti de cette conjoncture mondiale favorable en consolidant sa part dans les exportations mondiales de marchandises et de services à près de 9 %, tandis que la part de la France est passée, ces dix dernières années, de 5 % à 4 %. En 2006/07, le taux de croissance du PIB allemand dépassait celui de la France. Le solde commercial augmentant rapidement, l'exportation était devenue le principal moteur de la croissance en Allemagne, d'où les craintes des conjoncturistes qui pronostiquent, pour l'année 2009, une récession pouvant atteindre -2,7 % [1], voir -4 % [2]. Si ces sombres pronostics se révélaient justes, la récession en Allemagne serait trois à quatre fois plus forte qu'en 1975, l'année économique la plus difficile de l'histoire de la R.F.A., lorsque le PIB tomba de 0,9 %. Dans ce cas, la récession allemande serait aussi beaucoup plus profonde que celle pronostiquée pour la France où on s'attend à un recul de -1 %. Quelles sont les raisons d'une évolution quasi dépressionnaire en Allemagne ?

Produit intérieur brut mondial

(En volume, évolution en % par rapport à l'année précédente)

	1990-1999	**2000**	**2001**	**2002**	**2003**	**2004**	**2005**	**2006**	**2007**	***2008****
Monde	2,9	4,7	2,2	2,8	3,6	4,9	4,5	5,1	5,0	*2,7*
Pays industrialisés	2,7	4,0	1,2	1,6	1,9	3,2	2,6	3,0	2,6	
Pays émergents**	3,2	5,9	3,8	4,8	6,3	7,5	7,1	7,9	8,0	
UE-27	2,0	3,9	2,1	1,4	1,5	2,7	2,2	3,3	3,1	*1,4*
France	1,9	3,9	1,9	1,0	1,1	2,5	1,9	2,2	2,2	*0,8*
Allemagne	2,3	3,2	1,2	0,0	-0,2	1,2	0,8	3,0	2,5	*1,7*

* Prévision du *Sachverständigenrat zur Begutachtung der wirtschaftlichen Entwicklung*, expertise 2008/09, Tab. 4, p. 52.
** Et en voie de développement. Source : *Jahresgutachten 2008/09 des Sachverständigenrates, ibid.*, annexe statistique, tableau 11, p. 501. Série longue : http://www.sachverstaendigenrat-wirtschaft.de/download/zeitreihen/ZR005.xls

* H. Brodersen. Professeur Associé à HEC Paris.

Commerce mondial – marchandises et services
(En volume, évolution en % par rapport à l'année précédente)

	1990-1999	2000	2001	2002	2003	2004	2005	2006	2007	2008
Commerce mondial	6,5	12,3	0,3	3,5	5,4	10,7	7,6	9,3	7,2	
Exportations										
... des pays										
– industrialisés	6,5	11,9	-0,5	2,4	3,3	9,1	6 ,1	8,4	5,9	
– émergents*	7,5	13,8	2,6	6,9	10,5	13,9	10,8	11,0	9,5	
UE-27	n.d.	12,5	3,9	2,0	1,9	7,5	5,9	9,1	5,1	
France	6,3	12,4	2,5	1,5	-1,2	4,0	3,1	5,4	3,1	
Allemagne	5,2	13,5	6,4	4,3	2,5	10,3	7,7	12,7	7,5	

* Et en voie de développement. Source : *Jahresgutachten 2008/09 des Sachverständigenrates zur Begutachtung der wirtschaftlichen Entwicklung*, annexe statistique, tableau 11, p. 501. UE-27, Allemagne et France = Série longue : http://www.sachverstaendigenrat-wirtschaft.de/download/zeitreihen/ZR009.xls

Le modèle de croissance mondial jusqu'à la crise de 2008

La croissance du PIB est le résultat de l'évolution de la demande finale adressée à l'économie, une règle que l'étudiant en économie acquiert au début de ses études. Pour un pays donné, cette demande est composée de trois facteurs : la consommation (privée et celle de l'Etat) ; l'investissement (privé, des entreprises, de l'Etat) ; le solde du commerce extérieur (mais seulement au niveau du pays donné, car au niveau mondial il s'agit d'un jeu à sommes nulles, les exportations étant égales aux importations) ; accessoirement, la variation des stocks. C'est avant tout l'investissement et, avec lui, l'augmentation du capital productif, qui crée et anticipe dans un même mouvement une progression de la demande de consommation et d'investissement. Car l'investissement crée, par ses effets accélérateurs (spécialement par le biais des créations d'emplois, l'augmentation de la masse salariale et du pouvoir d'achat), les fondements de l'expansion économique. L'investissement est un pari sur le futur fondé sur des anticipations positives des entrepreneurs qui pensent pouvoir le récupérer avec des bénéfices.

Ces quinze dernières années, l'économie mondiale fut essentiellement tirée par trois « locomotives » [3] :

– les investissements massifs dans les technologies de l'information, un peu partout dans le monde, mais surtout aux Etats-Unis, où ces investissements pouvaient être financés à bon compte, grâce à la politique monétaire très accommodante du président d'alors de la FED, Alan Greenspan ;
– l'investissement immobilier (en Europe : Espagne, Irlande, Royaume-Uni, France), spécialement aux Etats-Unis où les crédits hypothécaires furent accordés à tours de bras à des millions de foyers peu ou pas solvables – crédits dits « *subprime* » qui, mélangés à d'autres créances par la « titrisation » et revendus dans le monde entier, préparent la crise financière actuelle par l'éclatement de la bulle aboutissant à l'effondrement de la confiance et donc des anticipations positives ;
– les investissements industriels ailleurs dans le monde, surtout dans les pays du BRIC et en Europe centrale et orientale qui cherchaient à profiter des bas salaires de ces pays et des perspectives de croissance.

Ces impulsions successives et/ou parallèles ont, un peu partout dans le monde mais, encore une fois, spécialement aux Etats-Unis, stimulé la demande des consommateurs. La consommation à crédit et les créations d'emplois y furent tellement dynamiques que les Etats-Unis sont devenus « importateur de dernier recours » pour les pays très excédentaires comme la Chine, le Japon et l'Allemagne. Ces pays ont accumulé des excédents records dans leurs balances commerciales et les ont converties pour une bonne part en placements financiers – actions, emprunts d'Etat, titres « titrisés » dits « pourris » chez « Lehman Brothers » ou « Madoff » –, là encore aux Etats-Unis, assurant ainsi l'équilibre des balances des paiements des pays tant déficitaires qu'excédentaires.

La crise actuelle peut se lire comme un processus de retournement de situation classique : un recul généralisé de la demande globale débouchant sur un cercle vicieux où les accélérateurs se mettent à fonctionner à l'envers. Mais elle est aggravée par une crise financière qui, jetant le doute sur les prouesses financières des banques ces dernières années (« *Partout,* écrivait encore en 2007 David Thesmar, tenant de la chaire BNP "*hedge funds*" à HEC Paris, *le développement financier est un accélérateur de croissance* » [4]...), a fortement entamé la confiance de l'ensemble des agents économiques (créanciers, investisseurs, consommateurs). Tout a commencé avec l'éclatement de la bulle Internet en l'an 2000/01. Depuis, les investissements dans les nouvelles technologies étaient devenus moins dynamiques. Ensuite, les investissements en Asie par lesquels les entrepreneurs cherchaient à satisfaire la demande de consommation dans les pays industriels – là encore avec les Etats-Unis en tête – ont ralenti. Le relais par le boom immobilier aux Etats-Unis, orchestré par Alan Greenspan avec des taux d'intérêt très bas, s'est révélé efficace pendant plusieurs années mais s'est effondré à son tour avec l'éclatement de la bulle à partir de 2007. Des millions de foyers américains avaient misé sur une valorisation « perpétuelle » de leurs investissements immobiliers et négocié de nouveaux crédits avec lesquels ils payaient les intérêts des précédents. Ce « système pyramidal à la Ponzi » [5], où la solvabilité n'est pas assurée par des revenus réels mais par un endettement récurrent, leur permettait de consommer toujours plus.

Les modèles économiques montrent toutefois que sans la bulle spéculative alimentée par la politique monétaire d'Alan Greenspan, le chômage américain ne serait pas descendu en dessous de 7 % (contre moins de 5 % début 2008) et les importations américaines en provenance d'Europe, d'Asie et d'Amérique latine auraient été inférieures de 300 milliards de dollars par an [6]. En conséquence, la croissance allemande aurait été moins forte.

La dépendance allemande

Aux côtés de la Chine et du Japon, l'Allemagne a été l'un des tout premiers pays bénéficiaires de l'accroissement de la demande mondiale. Car l'industrie allemande, fortement spécialisée dans les équipements de transport, la production d'automates, de machines-outils et de production, a pu répondre à la demande mondiale. Ces secteurs assurent à eux seuls la moitié des exportations allemandes et la totalité de son excédent commercial qui atteint, en 2007, près de 200 milliards d'euros. L'industrie allemande était donc en mesure de satisfaire à la fois les désirs des consommateurs fortunés (en grandes berlines et autres Porche-Cayenne) et les besoins des investisseurs, car nombre des (grandes) entreprises familiales (les « grosses PME » de plus de 250 salariés dont on compte 5000 en Allemagne contre 2000 en France) se sont spécialisées dans des « niches sectorielles » porteuses où elles occupent souvent des positions de « leaders mondiaux ».

Une comparaison de l'évolution du commerce extérieur, dans les domaines mentionnés, en France et en Allemagne, est une illustration saisissante de la « spécialisation » allemande :

Évolution du commerce extérieur : machines et équipements de transport
(France et Allemagne, en milliards d'euros courants)

		1997	1999	2001	2003	2005	2007	Évolution 1997-2007 (en %)
France	Exportations	120,35	144,70	177,40	158,80	161,18	159,92	*+ 32,8*
	Importations	101,36	130,98	160,58	144,23	153,53	158,84	*+ 56,7*
	Solde	19,00	13,72	16,82	14,57	7,65	1,08	*(-)*
Allemagne	Exportations	226,98	265,11	339,85	349,98	400,50	484,11	*+113,3*
	Importations	135,69	173,02	216,32	211,08	239,83	239,83	*+109,0*
	Solde	91,28	92,09	123,52	138,90	160,66	200,48	*+119,6*

Classification CTCI 7 : machines et équipements de transport. *Source* : Eurostat, Commerce extérieur, <epp.eurostat.ec.europa.eu/>.

Bien entendu, l'Allemagne, comme tout pays industrialisé moderne, dispose aussi d'un marché intérieur. La consommation privée y pèse pour près de 55 % du PIB et on y investit toujours pour près de 20 % du PIB par an. L'Etat consomme également, en 2007 pour près de 18 % du PIB. Mais l'évolution de ces trois composantes, le « delta » qui explique la croissance ou la récession, était déjà avant la crise en état « d'essoufflement » plus ou moins prononcé, comparé à celui de la France. Particulièrement préoccupant pour l'Allemagne : la très faible avance de l'investissement qui progresse, en 13 ans, de seulement 7,7 % contre 88,8 % en France !

Évolution de la demande intérieure* en France et en Allemagne
(Prix courants, en milliards d'euros)

		1995	2000	2003	2005	2007	Évolution 1995-2007 (en %)
France	**PIB**	**1194,60**	**1441,40**	**1594,80**	**1726,10**	**1892,20**	*+ 58,4*
	Consommation	661,50	783,90	878,30	958,70	1047,40	*+ 58,3*
	Investissement	221,70	295,00	300,20	350,90	418,60	*+ 88,8*
	C. + I. en % du PIB	*73,93*	*74,85*	*73,90*	*75,87*	*76,83*	
	Consom. de l'Etat	283,00	30,10	378,40	408,60	438,00	*+ 54,8*
	En % du PIB	*23,69*	*22,90*	*23,73*	*23,67*	*23,14*	
Allemagne	**PIB**	**1848,45**	**2062,50**	**2163,80**	**2243,20**	**2422,90**	*+ 31,1*
	Consommation	1037,62	1180,33	1247,23	1288,25	1337,44	*+ 28,9*
	Investissement	410,77	449,18	416,85	379,04	442,57	*+ 7,7*
	C. + I. en % du PIB	*78,35*	*79,00*	*76,90*	*74,32*	*73,46*	
	Consom. de l'Etat	361,82	391,91	416,85	419,96	435,64	*+ 20,4*
	En % du PIB	*19,57*	*19,00*	*19,26*	*18,72*	*17,98*	

* Par demande intérieure, nous entendons ici : la consommation des ménages et les investissements bruts (formation brute de capital fixe, variations des stocks incluses) de l'ensemble des secteurs, l'Etat compris et la consommation de l'Etat. Source : pour l'Allemagne = *Jahresgutachten 2008/09 des Sachverständigenrates zur Begutachtung der wirtschaftlichen Entwicklung*, annexe statistique, tableau 24, p. 514 ; pour la France = Insee, Série longue : http://www.insee.fr/fr/indicateurs/cnat_annu/base_2000/principaux_resultats/xls/t_1101.xls

Le facteur de croissance déterminant de ces dernières années en Allemagne a été l'excédent du commerce extérieur et le solde, positif depuis l'année 2004, des revenus transfrontaliers (revenus obtenus par des Allemands à l'étranger diminués des revenus des étrangers obtenus en Allemagne).

Évolution du solde extérieur*
en France et en Allemagne
(Prix courants, en milliards d'euros et en % du PIB)

	1995	2000	2003	2005	2007	Évolution 1995-2007 (milliards)
France						
Solde commercial**	13,69	13,01	16,14	-14,88	-36,40	- 50,10
En % du PIB	*1,1*	*0,9*	*1,0*	*(-)0,9*	*(-)1,9*	
Allemagne						
Solde commercial**	8,67	7,25	85,93	119,55	170,97	+162,30
En % du PIB	*0,47*	*0,35*	*3,97*	*5,33*	*7,05*	
Solde revenus	-13,69	-19,34	-15,13	27,62	41,29	
En % du PIB	*(-)0,74*	*(-)0,94*	*(-)0,70*	*1,23*	*1,70*	

* Par solde extérieur, nous entendons ici : l'excédent du commerce extérieur (marchandises et services) et le solde des revenus transfrontaliers. **Par « solde commercial », nous entendons l'excédent ou le déficit des échanges de marchandises ET de services. Source : pour l'Allemagne = *Jahresgutachten 2008/09 des Sachverständigenrates zur Begutachtung der wirtschaftlichen Entwicklung*, annexe statistique, tableau 23, p. 513 ; pour la France = Eurostat,
http://epp.eurostat.ec.europa.eu/portal/page?_pageid=0,1136173,0_45570701&_dad=portal&_schema=PORTAL

L'Allemagne est, certes, traditionnellement un pays « excédentaire ». Cela est dû à sa tradition de pays fortement industrialisé, tourné vers les marchés européens et mondiaux. De 1970 jusqu'à la réunification, elle n'a connu qu'une seule année, celle de 1980, avec un déficit de 3,61 milliards d'euros dans ses comptes extérieurs. De 1985 à 1989, les excédents de l'ancienne République fédérale évoluaient déjà autour de 6 à 7 % du PIB, tout comme en 2007. La réunification a ensuite changé pour quelques années la donne, orientant une bonne partie de l'offre ouest-allemande vers les nouveaux Länder, au détriment de l'export. Entre 1991 et l'an 2000 l'Allemagne réunifiée a connu soit de légers déficits, soit des excédents peu importants. Car le boom « keynésien » orchestré par le chancelier H. Kohl avait alimenté les importations. La « *succes story* » à l'export reprend en 2001 lorsque l'excédent commercial passe en une année de 7,25 à 42,51 milliards d'euros. Depuis 2004, le solde des revenus transfrontaliers, déficitaire depuis 1994, devient excédentaire et renforce l'impulsion des comptes extérieurs donnée à la croissance du PIB. Il y a fort à parier, que bon nombre de ces revenus, obtenus à l'étranger, l'ont été grâce à des investissements financiers plus ou moins hasardeux, investissements issus des bénéfices tirés des activités d'exportation. Ainsi qu'il est démontré en fin d'article, le revers de la médaille des excédents commerciaux est l'exportation nette de capitaux. Ces capitaux allemands ont été investis, pour un tiers environ, « directement » dans des activités commerciales ou industrielles à l'étranger. Pour le reste, l'attractivité des placements financiers ou immobiliers à l'étranger a été telle que des sommes importantes ont quitté l'Allemagne, alimentant de multiples bulles spéculatives, celles qui viennent d'éclater. On s'apercevra donc bientôt que non seulement les espoirs de revenus espérés se seront envolés, mais qu'une bonne partie des investissements financiers aura perdu de sa valeur. Il aurait été probablement plus avantageux, tout compte fait, si une partie au moins de ces investissements « hasardeux » avait pu trouver « refuge » en Allemagne même. Visiblement, l'attractivité des conditions d'investissement n'y était pas suffisante. Ce qui explique, pour l'Allemagne, que la continuelle hausse (maintenant passée ?) des exportations et des excédents extérieurs est due à une combinaison de déterminants extérieurs et intérieurs. De l'extérieur sont venues la hausse de la demande mondiale et l'ouverture des marchés de l'Europe centrale et orientale où les industriels allemands ont trouvé de nouveaux marchés mais aussi des possibilités pour y installer des bases-arrière de production bon marché. Ces régions, géographiquement et culturellement proches, permettaient d'y installer des productions à fort besoin de main d'œuvre tout en maintenant en Allemagne la production de composantes à forte valeur ajoutée et la plupart des centres de gestion, de conception, d'assemblage et d'expédition. La création de valeur ajoutée de l'industrie allemande n'a donc pas baissé [7], seule sa structure a changé – le tout rendant l'offre allemande à l'exportation à la fois plus rentable et plus compétitive. D'où l'accroissement de la production orchestrée par l'industrie allemande. De l'intérieur est venue la baisse relative, par rapport à ses principaux concurrents, des coûts salariaux allemands (voir le graphique ci-après), mais aussi la nouvelle « motivation » des salariés cherchant à échapper, coûte que coûte, au destin d'un « bénéficiaire » de transferts sociaux réduits « à la mode Hartz IV ». Dans l'industrie (hors construction), les coûts salariaux unitaires étaient en 2007 moins élevés qu'en 1991 ! Cela est dû à des gains importants de productivité (assorti d'une réduction de postes de travail de près de 3,4 millions), mais aussi à une politique salariale pour le moins « prudente » depuis l'arrivée de G. Schröder à la chancellerie de Berlin.

Productivité du travail et coûts salariaux unitaires dans l'industrie allemande*

(Par salarié, index chaîné, 2000 = 100)

Année	Actifs (en milliers)	Productivité	Coûts salariaux unitaires
1991	11000	73,15	92,40
1993	9398	77,22	103,55
1995	8667	85,42	103,83
1997	8256	91,49	101,10
1999	8184	94,57	101,53
2000	8223	100	100
2001	8231	100,97	100,91
2002	8047	101,81	101,52
2003	7831	104,94	100,67
2004	7704	111,47	96,64
2005	7561	116,37	93,08
2006	7592	124,32	90,40
2007	7592	129,31	88,26

Source : *Jahresgutachten 2008/09 des Sachverständigenrates zur Begutachtung der wirtschaftlichen Entwicklung*, annexe statistique, tableau 17, p. 507, tableau 22, p. 512. * Industrie de transformation, énergie, extraction (secteur de la production industrielle, hors construction).

Cette stratégie économique a cependant un coût : celui de l'atonie du marché intérieur. En effet, malgré la baisse du chômage en Allemagne, ni la consommation des ménages, ni les investissements des entreprises, des ménages et de l'Etat n'ont pris le relais des succès du commerce extérieur. Tout particulièrement les « espoirs d'une animation » de la consommation, nourris par le conseil des experts (*Sachverständigenrat*) censé instruire le gouvernement fédéral en matière de politique économique, se sont évanouis [8]. Ces experts remarquent que la consommation des ménages stagne depuis 8 ans, alors qu'elle s'est accrue dans la zone euro de 15 % en termes réels depuis 2001. Pour expliquer ce phénomène, les experts évoquent la réduction de l'emploi entre 2001 et 2005. Elle aurait provoqué une stagnation des revenus réels, plus particulièrement dans les couches sociales à bas salaires qui consacrent une part plus importante des revenus à la consommation. Ce qui surprend les experts, c'est que la reprise des créations d'emploi – le nombre de salariés est passé de 34,49 millions en 2005 à 35,32 millions en 2007 (soit plus de 830000) [9] – à partir de 2006 n'a pas été suivie d'une reprise de la consommation. L'hypothèse d'explication du « décrochage » de l'évolution de la consommation par rapport à celle du PIB depuis 2005 serait que des facteurs « non-conjoncturels », donc structurels, empêchent cette reprise.

Évolution du coût de l'heure travaillée dans l'UE, la zone euro et en Allemagne
(Corrigée des variations des jours du calendrier, en %)

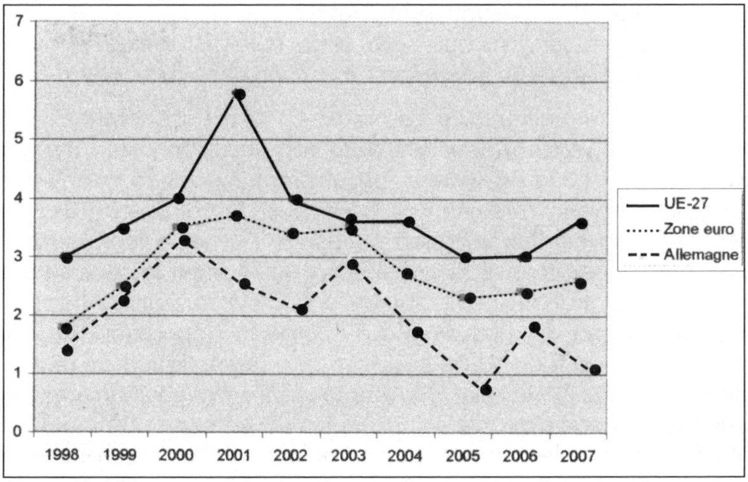

Source : Destatis.

Les calculs effectués par le conseil aboutissent à la constatation suivante : les effets des créations d'emploi ont été insuffisants pour compenser l'évolution très négative des prestations sociales monétaires (après les réformes *Hartz*) et la faible augmentation des salaires réels. Par ailleurs, l'augmentation de trois points de TVA début 2007 a contribué à freiner la consommation. L'augmentation du taux d'épargne des ménages passant de 9,2 % en 2000 à 10,8 % en 2007 [10] n'a pas favorisé la consommation non plus. Bref, l'atonie de la demande intérieure en Allemagne et l'envolée des excédents du commerce extérieur allemand s'expliquent mutuellement : une politique salariale plus rémunératrice et une politique de redistribution sociale plus active auraient animé, si l'on suit les conclusions du conseil des experts, la consommation et, avec elle, les importations, modérant du même coup les excédents dans les comptes extérieurs – comme au bon vieux temps du miracle économique et de l'économie sociale de marché. L'Allemagne s'est volontairement engagée, en fait, dans une « voie colbertiste ».

Vers l'impasse ou vers de nouveaux équilibres ?

L'un des tout premiers économistes allemands actuels, le très néoclassique président de l'institut en recherche économique de Munich, l'I.F.O., Hans-Werner Sinn, a donné une explication, somme toute assez crédible, du « développement allemand » récent dans son ouvrage « *Die Basar-Ökonomie* », de 2005/07 [11]. Il y explique que, pour échapper aux hauts salaires pratiqués en Allemagne jusqu'au milieu des années 1990, l'industrie a initié, sous l'effet d'une globalisation chaque jour plus sensible, une migration de son capital à la fois vers des secteurs restés rentables en Allemagne même (secteurs à forte valeur ajoutée, très liée aux marchés extérieurs), et vers des pays à bas salaires en Europe centrale et orientale et/ou en Asie. La combinaison de ces plates-formes de production a permis aux industriels allemands d'engranger et des excédents et des bénéfices record. Par ailleurs, la stabilité relative des salaires depuis 10 ans, même dans les secteurs à forte valeur ajoutée en Allemagne, a constitué un « effet d'aubaine » pour les industriels, car, vu la forte rentabilité du capital, il aurait été possible d'augmenter de façon plus importante les salariés des secteurs concernés. Ce qui, soit dit en passant, aurait « irrigué » d'un surplus de consommation les autres secteurs de l'économie allemande, spécialement les services aux particuliers et la distribution – tout en donnant une impulsion aux importations (donc aux marchés des partenaires).

Le résultat de ces migrations de capitaux est que l'économie allemande, tout comme celle de Cuba [je reconnais que cette comparaison peut surprendre...], est coupée quasiment en deux : un secteur jusqu'à maintenant florissant, très rentable, fortement capitalisé (donc relativement pauvre en emplois car de plus en plus « robotisé ») et tourné vers l'exportation ; et un deuxième secteur, tourné vers l'intérieur, surtout dans les services et la distribution où règnent les bas salaires, la précarité de l'emploi, le cumul des petits boulots à 400 euros, voire à 1 euro. La grande pauvreté a augmenté en dix ans de 6 à 11 % de la population fin 2007. Il n'est donc pas surprenant que face à l'atonie voire à la dégradation du marché intérieur et à la faible perspective de trouver des emplois dans des secteurs porteurs, l'industrie de transformation par exemple, ou protégés (la fonction publique), la demande de consommation soit « déprimée » par la peur du futur. Les couches moyennes, sous pression, consacrent donc plus de moyens à l'épargne de précaution. Face à cette évolution, le capital allemand, au-delà de la satisfaction des besoins d'investissement des secteurs industriels rentables, n'a d'autre solution que de quitter le pays – c'est le revers de la médaille des excédents commerciaux et d'autres comptes courants. De 2000 à 2007, le solde des mouvements de capitaux, dans la balance des payements, est passé d'un excédent (des capitaux affluent au pays) de 28,34 milliards d'euros à un déficit (les capitaux quittent le pays) de 234,98 milliards. Du solde de 2007, seulement 36,7 % étaient destinés aux investissements directs – utiles dans la globalisation –, le reste aux crédits internationaux et aux autres investissements financiers (hasardeux pour certains).

Solde de la balance des capitaux en Allemagne
(En milliards d'euros)

	2000	2001	2002	2003	2004	2005	2006	2007
Solde balance des capitaux	+ 28,3	-17,8	-40,5	- 62,2	-124,4	-132,9	-154,0	-234,9
– dont investissements directs	+153,8	-14,8	+36,7	+ 23,5	- 24,7	- 21,6	- 31,5	- 86,3
Pour information : Solde du commerce extérieur de marchandise	+59,1	+95,5	+132,8	+129,9	+156,1	+158,2	+159,0	+198,6

Source : *Jahresgutachten 2008/09 des Sachverständigenrates zur Begutachtung der wirtschaftlichen Entwicklung*, annexe statistique, tableau 36, p. 527.

Dans cette situation, H.-W. Sinn recommande une plus grande flexibilité des salaires en Allemagne et refuse catégoriquement l'instauration d'un salaire minimum de type SMIC. Il souhaite attirer une partie des capitaux, qui actuellement partent à l'étranger, vers des investissements, industriels et autres, en Allemagne même. Si cette option était choisie face à la crise actuelle, le niveau moyen relatif des salaires en Allemagne baisserait au-delà de ce qui a été observé ces dernières années – et ne manquerait pas de déstabiliser profondément ses principaux partenaires, surtout en Europe. L'Allemagne prendrait définitivement le chemin du « colbertisme » au risque de compromettre la viabilité du grand marché unique européen et de favoriser le protectionnisme.

Une autre voie serait de stabiliser voire de renforcer le marché intérieur allemand par une amélioration de la redistribution des revenus. Dans les projets du gouvernement Merkel, cette option prend la forme d'une augmentation du plancher d'imposition sur le revenu de 7600 à 8000 euros et, probablement, d'une réduction généralisée des taux d'imposition. Le SPD s'oppose à la diminution de l'impôt sur les hauts revenus. Au contraire, il cherche à les imposer plus, afin de financer partiellement les réductions accordées aux autres catégories sociales pour stimuler la consommation. La discussion sur les « bons de consommation », pourtant un moyen efficace de stimulation rapide de la consommation s'il est dirigé vers des couches sociales fragilisées par la crise actuelle, semble ne pas aboutir. Il serait également important d'encourager les investissements dans des secteurs qui ne sont pas directement orientés vers l'exportation. Par des réductions de charges patronales, par exemple. En résumé, tout ce qui permettra à la demande intérieure de se renforcer rendra l'Allemagne moins dépendante des marchés extérieurs et contribuera à réduire ses déséquilibres extérieurs. Il serait indécent et peu logique de demander aux consommateurs américains d'épargner plus et de laisser la demande intérieure allemande en friche.

Notes

1. Le plus récent des pronostics, celui de *l'Institut für Weltwirtschaft*, un institut traditionnellement très prudent et conservateur dans ses prévisions. http://www.tagesschau.de/ifwprognose100.html, du 22 décembre 2008 : « *Experten befürchten Konjunkturminus von 2,7 Prozent* ».

2. « D'après le chef économiste de la Deutsche Bank, le risque d'observer un recul du PIB de l'ordre de 4 % [en 2009] a augmenté ces dernières semaines », *Les Echos*, 6 janvier 2009, p. 7.

3. *Cf.* la chronique de J. Bradford Delong « Cure keynésienne », *Les Echos*, 14 avril 2008, p. 15. B. Delong est professeur d'économie à l'université de Californie (Berkeley).

4. Augustin Landier, David Thesmar, « Le grand méchant marché, décryptage d'un fantasme français », Champs actuel, Flammarion, 2007, dernière de couverture.

5. Le « schéma Ponzi », selon le nom de l'escroc Charles Ponzi de Boston (1920), est une escroquerie pyramidale où les intérêts promis et payés aux investisseurs crédules sont réglés par le crédit ou les afflux de capitaux frais. A la fin, lorsque les sources de liquidité se tarissent, comme dans la récente « affaire Bernard Madoff », où même des banques de renom telle la B.N.P. se sont laissés plumer, le roi doit avouer qu'il est nu.

6. J. Bradford Delong, *op. cit.*

7. Elle augmente de 2000 à 2007, dans l'industrie de transformation allemande, de 22,25 % en volume. *Jahresgutachten des Sachverständigenrates*, *op. cit.*, annexe statistique, tableau n° 16, p. 506.

8. « *Konsumschwäche in Deutschland : Gibt es Hoffnung auf eine Belebung ?* », encadré n° 3, *pp. 84-90*, *Jahresgutachten des Sachverständigenrates 2008/09*, *op. cit.*

9. *Ibid.*, annexe statistique, tableau n° 14, p. 504.

10. *Ibid.*, annexe statistique, tableau n° 29, p. 519.

11. « L'économie de bazar », Ullstein Taschenbuch, Berlin, 2007.

*Henri Menudier**

Les élections anticipées en Hesse du 18 janvier 2009
La droite l'emporte

Rendues nécessaires par le fort recul de la CDU aux élections régionales de Hesse le 27 janvier 2008 et par l'impossibilité de dégager ensuite une majorité de gouvernement, tant à droite qu'à gauche, les élections anticipées du 18 janvier 2009 ont surpris cette fois-ci par la netteté des résultats. La CDU du chef du gouvernement sortant, Roland Koch, continue à stagner à un niveau modeste, compensé par la vigoureuse poussée des libéraux du FDP qui lui donne une confortable majorité pour gouverner. L'unique et grand perdant, le SPD, qui, après deux tentatives infructueuses de former un gouvernement minoritaire SPD-Verts, toléré par La Gauche (*Die Linke*), recule de 13 % et tombe à son niveau le plus bas depuis 1946. Comme le FDP, les Verts connaissent une nette progression, mais la faiblesse du SPD les oblige à rester dans l'opposition. Entrée pour la première fois de justesse au Landtag en janvier 2008, La Gauche s'y maintient, confirmant ainsi l'existence d'un nouveau système politique avec cinq partis parlementaires. Ces différents résultats auront un effet non négligeable au niveau fédéral, qu'il s'agisse du changement de majorité au Bundesrat ou de l'élection du président de la République en mai 2009. La question est aussi de savoir s'ils ne préfigurent pas l'issue des élections fédérales du 27 septembre.

Les raisons de la dissolution

Dans cette ancienne place forte du SPD, la CDU de Roland Koch dirige le gouvernement depuis 1999, tout d'abord dans une coalition avec le FDP, puis seule en 2003 grâce à la majorité absolue en sièges (48,8 % des voix, mais 56 sièges sur 110). Après une campagne aux accents populistes et xénophobes, la CDU subit un cinglant revers le 27 janvier 2008 ; avec 36,8 % des voix, elle ne détient plus que 42 sièges seulement sur 110. Même avec les 11 sièges du FDP, la majorité absolue (56 sièges) lui échappe. La question nucléaire divise trop la CDU et les Verts pour envisager une coalition à trois, CDU, FDP et Verts. Le nouveau Landtag se constitue le 5 février et Roland Koch forme un gouvernement minoritaire CDU qui expédie les affaires courantes. Seule une majorité absolue peut le contraindre à quitter le pouvoir.

* H. Menudier. Professeur à l'Université de la Sorbonne Nouvelle – Paris III.

Le véritable vainqueur de l'élection est Andrea Ypsilanti, présidente du SPD de Hesse et du groupe parlementaire au Landtag. Son parti a fait un bond de 29,1 % à 36,7 %, l'écart avec la CDU n'étant que de 0,1 % ; les deux partis détiennent d'ailleurs le même nombre de sièges (42). SPD et Verts n'en ont pas assez pour gouverner ensemble ; le FDP, qui s'était prononcé pour une alliance avec la CDU, refuse de les rejoindre. Au cours de la campagne électorale, A. Ypsilanti avait clairement affirmé qu'elle ne rechercherait aucune forme de coopération avec La Gauche. En février 2008, elle change de position et s'oriente vers un gouvernement SPD-Verts, toléré par la Gauche, les trois partis totalisant 57 sièges, soit un de plus que la majorité absolue requise. Mais, peu après, une députée SPD manifeste son hostilité car elle doute des engagements démocratiques de La Gauche. A. Ypsilanti renonce à son projet. Elle le relance à l'automne, en étroite concertation avec les députés des trois partis (congrès, votes probatoires). Son élection par le Landtag, comme chef du gouvernement régional, est prévue le 4 novembre. Un véritable coup de théâtre se produit la veille quand quatre députés SPD annoncent, lors d'une conférence de presse publique, que leur conscience les empêche de voter pour une telle coalition, à cause de leur méfiance envers la Gauche. Privée de sa majorité absolue, Andrea Ypsilanti retire sa candidature. Le climat politique trop empoisonné ne permet pas d'envisager une grande coalition CDU-SPD, A. Ypsilanti posant comme préalable le retrait de R. Koch. L'impasse est totale, les cinq partis présents au Landtag votent à l'unanimité la dissolution de celui-ci le 19 novembre, les nouvelles élections se déroulent le 19 janvier 2009.

La campagne électorale

Limitée à deux mois et coupée par les fêtes de Noël et du Nouvel An, la campagne électorale était trop courte pour renouveler les programmes électoraux, les débats étant dominés par les querelles entre les dirigeants et par la meilleure façon de réagir face à la crise financière et économique. Ayant compris à quel point son populisme et sa xénophobie exaspéraient une partie de l'opinion, R. Koch a fait preuve cette fois-ci de retenue et de modestie, jouant la carte de la compétence économique. La confiance semblait revenir car, depuis septembre 2008, la CDU n'est jamais descendue en dessous de 41 % des intentions de vote, 39 % seulement des électeurs étant satisfaits du travail du gouvernement. Face à la crise économique, R. Koch s'est fait rassurant ; ses affiches proclamaient : « En des temps comme ceux-ci, la Hesse a besoin de compétence et de clarté ». Il a pris l'engagement de rester à Wiesbaden, même si après les élections fédérales de septembre 2009, la chancelière A. Merkel lui proposait le poste de ministre fédéral des Finances ou de commissaire à Bruxelles. Naturellement il n'a cessé de dénoncer le « parjure » d'Andrea Ypsilanti qui, en s'entendant avec La Gauche, allait promouvoir une république de gauche, dangereuse pour le pays.

Le partenaire préféré de R. Koch en 2009 restait le FDP, l'allié des années 1999-2003, qui en 2008 a dépassé les Verts (9,4 % contre 7,5 %) et que les sondages situaient toujours entre 13 % et 15 % des intentions de vote. Les deux partis affirmaient leur fidélité réciproque avec d'autant plus de force que leurs divergences programmatiques étaient limitées. En période de crise, le FDP rassure par ses compétences économiques. Il capte une partie de l'électorat des classes moyennes, mécontentes de la politique de la CDU-CSU dans le gouvernement Merkel ou choquée par les outrances verbales de R. Koch.

La campagne électorale a été marquée par le rejet massif d'A. Ypsilanti, y compris au SPD, accusée de « parjure » pour le rapprochement avec La Gauche, qu'elle avait tout d'abord exclu. 21 % des personnes sondées se déclaraient satisfaites de son travail au Landtag en août 2008, elles n'étaient plus que 14 % en janvier 2009. 29 % des personnes souhaitaient son maintien comme présidente du SPD hessois et présidente du groupe parlementaire (36 % pour les membres du SPD). Le mépris avec lequel les quatre députés dissidents, empêchés de se représenter aux élections, ont été traités, a beaucoup choqué. A. Ypsilanti a surpris en choisissant comme chef de file SPD aux élections régionales un député de 39 ans, quasiment inconnu, appartenant à l'aile gauche, à tel point que des journalistes parlaient du « Monsieur X de Madame Y ». Originaire d'un milieu modeste à Giessen (père : conducteur de camion, mère : femme de ménage), Thorsten Schäffer-Gumbel est le seul des trois enfants à avoir passé le baccalauréat, pour faire ensuite des études universitaires de science politique qui lui ont permis de travailler dans les services administratifs de sa ville. Pendant la campagne électorale ses propositions de créer un emprunt obligatoire pour les contribuables les plus fortunés ou d'installer un « conseil socio-économique pour réfléchir à l'avenir » n'ont suscité que de l'indifférence. A la fin de la campagne électorale, son taux de notoriété ne dépassait pas 55 %. En cas d'élection directe du chef de gouvernement, les sondages ne lui donnaient en décembre 2008 que 24 % contre 44 % à Roland Koch, un mois plus tard l'écart s'était considérablement réduit (32 % contre 39 %). Malgré cette remontée, la défaite semblait inévitable.

Déçus par l'incapacité du SPD de s'unir autour d'A. Ypsilanti, les Verts ont mis l'accent sur leur autonomie. La Gauche, qui, elle, avait fait sensation en entrant de justesse au Landtag en janvier 2008, a souvent alimenté les colonnes des journaux par ses querelles intestines et ses démissions. Selon un sondage, 57 % des Allemands ne la considèrent pas comme un parti démocratique, même après son entrée dans plusieurs Landtage à l'Ouest.

Les résultats du 18 janvier 2009

Malgré la crise politique de l'année 2008 et l'enjeu du scrutin, la participation électorale recule de 64,3 % à 61 % ; elle atteint son niveau le plus bas en Hesse, habituée jusqu'au milieu des années 1980 à des taux de l'ordre de 80 %. Elle fait toutefois encore mieux que le Bade-Wurtemberg en 2006 (53,4 %) et la Saxe-Anhalt la même année (44,0 %). La stagnation de la CDU a beaucoup surpris. Après avoir chuté de 48,8 % en 2003 à 36,8 % en 2008, elle ne dépasse pas cette fois-ci les 37,2 %, bien que les sondages l'aient située autour de 41 %. L'augmentation de 0,4 % fait illusion à cause de la baisse du taux de participation, en réalité la CDU a perdu plus de 121.000 voix par rapport à 2008. Roland Koch serait-il durablement affaibli par sa vilaine campagne électorale de 2008 et victime de la frustration des électeurs CDU, mécontents de la politique socio-économique d'A. Merkel ? Avec 55,3 % des voix dans sa circonscription de Main-Taunus I, R. Koch est toutefois le mieux élu de tous les députés (six députés sur 55, tous CDU, ont dépassé la majorité absolue). Le parti relativise sa déception en relevant que l'écart avec le SPD est passé de 0,1 % en 2008 à 13,5 % en 2009 et que surtout la coalition avec le FDP redevient possible, les deux partis réunissant 53,4 % des voix. Il convient toutefois de souligner que la CDU (et la CSU en Bavière) a reculé à toutes les élections régionales, parfois de façon substantielle, depuis l'installation d'A. Merkel à la chancellerie, fin novembre 2005.

Profitant des préventions contre R. Koch et la CDU, le FDP enregistre une étonnante progression de 9,4 % à 16,2 %, la plus forte (+ 6,8 %) de tous les partis le 18 janvier. Les libéraux doivent remonter à 1954 (20,5 %) pour se rapprocher d'une performance semblable. Marquées du sceau de la fidélité, les relations entre Roland Koch et Jörg Uwe Hahn, avocat de 52 ans, membre du Landtag depuis une vingtaine d'années et président régional du FDP, ont toujours été empreintes de confiance. Les coalitions entre chrétiens-démocrates et libéraux, fréquentes autrefois, s'imposent à nouveau. Outre la Hesse, de telles coalitions existent aussi dans le Bade-Wurtemberg, en Basse-Saxe, en Rhénanie du Nord-Westphalie et en Bavière, ces cinq Länder comptant 55 millions d'habitants, sur les 82 millions de le la République fédérale. De toute évidence la CDU-CSU et le FDP feront campagne pour une telle coalition au niveau fédéral lors des élections de septembre prochain, même si A. Merkel se montrera prudente pour ne pas rendre impossible une poursuite de la grande coalition.

Très sévère, la défaite annoncée du SPD s'inscrit, en Hesse, dans une tendance de fond à l'érosion qui remonte à 1970. Après des majorités absolues en 1962 et 1966, il passe dans la zone des 40 % entre 1970 et 1991, et pénètre ensuite dans celle des 30 %. Il descend même à 29,1 % en 2003, la dynamique campagne d'A. Ypsilanti remonte le parti à 36,7 % en 2008. En janvier 2009, le SPD tombe à 23,7 % (il perd plus de 391.000 voix), soit un recul de -13 %. On peut se demander si après cette douloureuse expérience, le parti sera en mesure de sortir des 25 % d'intentions de vote dans lesquelles les sondages l'enferment depuis des mois au niveau fédéral. Est-il épuisé par sa participation au gouvernement fédéral depuis 1998 ? A-t-il dû accepter des orientations qu'une partie de ses membres et de son électorat refusaient ? Indépendamment des querelles de personnes et de tendances, la confiance de l'opinion dans la capacité du SPD à résoudre les problèmes du pays a fortement baissé.

Aussitôt après la publication des premières tendances annonçant sa défaite, le 18 janvier à 18 heures, A. Ypsilanti a annoncé sa démission comme présidente du parti et du groupe parlementaire et souhaité que Th. Schäfer-Gumbel prenne sa succession. Le 19 janvier, l'Allemagne se souvenait que 90 ans plus tôt le droit de vote avait été donné aux femmes allemandes. Bien que les assemblées parlementaires accueillent de plus en plus de femmes, leur accession aux plus hautes fonctions dans les exécutifs régionaux reste limitée.

Le recul des grands partis est manifeste quand on compare leurs résultats électoraux sur une longue période. En Hesse, en 1974, la CDU (47,3 %) et le SPD (43,2 %) totalisent 90,5 % des voix. En 2009, CDU (37,2 %) et SPD (23,7 %) ne représentent plus que 60,9 % des votes. La même tendance se retrouve au niveau fédéral : 91,2 % aux élections de 1976, 69,4 % à celles de 2005 et 61 % dans les intentions de vote de janvier 2009 (sondages Forsa du 14). La crédibilité des partis est faible en Hesse : CDU : 26 % ; Verts : 16 % ; FDP : 14 % ; SPD : 9 % ; autres : 9 % ; aucun parti : 26 %. (*Handelsblatt*, 20.1.2009).

Le nombre des adhérents des grands partis recule régulièrement, les chiffres cidessous sont de novembre 2008, ils indiquent aussi les pertes par rapport à novembre 2007 (*Frankfurter Rundschau*, 30.12.2008) :

CDU	530 194	(- 8 858)
SPD	522 668	(-18 685)
CSU	165 000	(- 1 000)

En juin 2008, les petits partis annonçaient le nombre suivant d'adhérents : La Gauche : 64 000 ; FDP : 65 000 et Verts : 44 000.

Entrés au Landtag en 1982, les Verts franchissent la barre des 10 % en 1995 et en 2003 ; ils progressent nettement de 9,4 % en 2008 à 13,6 % en 2009, une avancée de + 6,2 %, saluée comme « une victoire grandiose » par le nouveau président fédéral des Verts, Cem Özdemir. Les Verts ont profité de la crise du SPD et des déçus de ce parti, mais les faibles résultats de celui-ci l'empêchent de revenir au pouvoir. Associés seulement aux gouvernements régionaux de Brême et de Hambourg, les Verts, peu usés par le pouvoir, se régénèrent dans l'opposition. La bonne tenue des Verts en Hesse est attribuée pour une part à l'habileté de son président régional Tarek Al-Wazir, 38 ans, né d'un père yéménite, diplômé de science politique à l'université de Francfort/Main ; membre du conseil municipal d'Offenbach, il a été président de l'organisation jeune des Verts en Hesse et est entré au Landtag en 2005. Il pourrait être appelé à de nouvelles fonctions à Berlin.

En légère progression, La Gauche (5,4 %) se maintient au Landtag, s'affirmant ainsi comme un acteur durable dans un système politique composé de cinq partis. Pour une bonne part de la population, surtout dans la partie ouest de l'Allemagne, La Gauche n'est pas considérée comme un parti semblable aux autres, car sa filiation rappelle la division de l'Allemagne et l'oppression communiste. L'extrême droite reste marginale (0,9 % pour le NPD et 0,6 % pour les Republikaner). Les Freie Wähler (électeurs libres), qui récusent toute appartenance politique, n'ont mobilisé que 0,6 % des électeurs.

Selon les calculs des instituts spécialisés, le FDP aurait été le principal bénéficiaire des transferts de voix (93 000 en provenance de la CDU et 31 000 des abstentionnistes), les Verts en auraient reçu 122 000 du SPD. La CDU a recueilli 36 000 du SPD. Les transferts au détriment du SPD s'établiraient ainsi : 192 000 abstentionnistes, 36 000 à la CDU, 31 000 au FDP, 8 000 à La Gauche (*Handelsblatt*, 20.1.2009).

Les effets de l'élection au niveau fédéral

Kurt Beck, président fédéral du SPD, peut être considéré comme la première victime colatérale du changement de stratégie d'A. Ypsilanti vis-à-vis de La Gauche. Bien qu'hostile à ce rapprochement, il céda à la mi-février 2008 aux pressions de cette dernière, de plus en plus hostile au maintien au pouvoir de son adversaire Koch. Le SPD de Hambourg considéra que l'annonce de cette manœuvre lui fit perdre de nombreuses voix aux élections régionales du 24 février. Les modérés au sein du SPD en voulaient aussi à K. Beck de ne pas avoir su résister à l'aile gauche en acceptant une seconde candidature de G. Schwan à la présidence de la République. Comme K. Beck et le SPD stagnaient à un niveau très bas dans les sondages, une « révolution de palais » fut ourdie en coulisse. Le 7 septembre, on apprenait ainsi que K. Beck serait remplacé à la présidence du SPD par Franz Müntefering, ancien président du parti, ancien ministre et vice-chancelier du gouvernement Merkel ; l'actuel ministre des Affaires étrangères et vice-chancelier,

Frank-Walter Steinmeier, deviendrait le candidat du SPD à la chancellerie lors des prochaines élections au Bundestag. Ces choix furent entérinés par un congrès extraordinaire à Berlin, le 18 octobre. K. Beck se replia sur ses fonctions de ministre-président de Rhénanie-Palatinat.

Les nouveaux rapports de force en Hesse vont affecter le fonctionnement du Bundesrat ; le FDP en profitera peut-être pour utiliser dans certains cas sa minorité de blocage. Comme une grande coalition gouverne au niveau fédéral, celle-ci s'appuie sur les mêmes partis au pouvoir dans les Länder. Avec un gouvernement CDU-FDP, la Hesse (5 voix) ne fait plus partie du « bloc gouvernemental » au Bundesrat ; celui-ci ne peut plus compter que sur 30 voix sur 39 :

Länder gouvernés par la CDU : Sarre (3 voix) et Thuringe (4).
Länder gouvernés par le SPD : Rhénanie-Palatinat (4).
Grandes coalitions CDU-SPD : Saxe (4), Saxe-Anhalt (4), Schleswig-Holstein (4).
Grandes coalitions SPD-CDU : Brandebourg (4) ; Mecklembourg-P.a. (3).

Les 8 autres Länder, qui représentent 69 voix, ont une coalition SPD-Verts et des coalitions dirigées par la CDU, avec le FDP ou avec les Verts.

Les élections en Hesse affectent aussi la composition définitive de la Bundesversammlung, chargée d'élire le président de la République fédérale. Cette Assemblée comprend les 612 députés du Bundestag et 612 autres membres élus à la proportionnelle par les diètes régionales. Aux deux premiers tours, la majorité absolue requise est de 613 voix, la majorité simple suffit au troisième tour. La prochaine élection présidentielle se déroulera le samedi 23 mai 2009. Le président sortant, Horst Köhler, CDU, se présente pour un second mandat de cinq ans. Deux personnalités ont annoncé leur candidature : Gesine Schwan, SPD, déjà candidate en 2004, est une politologue très connue qui a présidé l'université de Francfort/Oder ; l'acteur Peter Sodann est présenté par La Gauche. Selon les décomptes effectués par le ministère fédéral de l'Intérieur, la CDU-CSU et le FDP (favorables à Köhler) compteraient 606 voix, le SPD et La Gauche 601 et les divers 17 (10 Freie Wähler/Electeurs libres, 5 NPD ou DVU de l'extrême droite et 2 non inscrits). Comme les 10 délégués des Freien Wähler bavarois (des élus qui ne se rattachent à aucun parti) se prononceraient pour Köhler, ce dernier pourrait compter sur une majorité absolue. Mais comme le vote se fait à bulletin secret et que quelques délégués sont toujours absents à chaque élection, des surprises ne sont pas à exclure. Une autre estimation fait état des chiffres suivants : 500 CDU-CSU ; 415 à 416 SPD ; 107 FDP ; 93 à 95 Verts ; 91 à 92 Gauche ; 10 F.W.

Quels bouleversements politiques en un an ! En janvier 2008, la carrière.politique régionale de R. Koch semblait terminée au profit d'A. Ypsilanti, un an plus tard les rôles sont inversés. Les majorités entre chrétiens-démocrates et libéraux s'imposent de nouveau, du moins à l'Ouest. Préfigurent-elles la coalition qui sortira des urnes au niveau fédéral en septembre prochain ? Comme le SPD écarte toute alliance avec la Gauche au niveau fédéral, on peut spéculer aussi sur une peu probable coalition tricolore (CDU/CSU, FDP, Verts ou SPD, Verts, FDP) ou sur le maintien de la grande coalition. Dans tous les cas, Angela Merkel semble bien placée pour assumer sa propre succession. Les élections en Hesse ont marqué le point de départ de 16 consultations régionales, présidentielles, européennes et communales qui se déroulent sur une période de huit mois. Fin septembre 2009, le paysage politique allemand aura beaucoup changé.

Seize élections en 2009

18.01 Elections régionales, Hesse
23.05 Election du président de la République
07.06 Elections du Parlement européen
07.06 Elections communales : Bade-Wurtemberg, Mecklembourg-P.a., Rhénanie du N.-W., Rhénanie-Palatinat, Sarre, Saxe, Saxe-Anhalt, Thuringe
30.08 Elections régionales : Sarre, Saxe, Thuringe
27.09 Elections fédérales pour le Bundestag
27.09 Elections régionales : Brandebourg

Bibliographie : J.-P. Gougeon, Die Linke, entre gauche radicale et défi à la social-démocratie (p. 39) et H. Ménudier, Les Länder en 2008. Elections et partis (pp. 42-51), Allemagne d'Aujourd'hui, n° 186, oct.-déc. 2008.

Elections régionales en Hesse

27 janvier 2008			18 janvier 2009		+/-		
Inscrits	4 370 403		4 375 269				
Votants	2 810 972	64,3 %	2 670 412	61,0 %	- 3,3 %		
Exprimés	2 742 709		2 591 857				sièges
				2008	2009	+/-	
CDU	36,8 %	37,2 %	+ 0,4 %	42	46	+ 4	
SPD	36,7 %	23,7 %	- 13,0 %	42	29	- 13	
FDP	9,4 %	16,2 %	+ 6,8 %	11	20	+ 9	
Verts	7,5 %	13,7 %	+ 6,2 %	9	17	+ 8	
La Gauche	5,1 %	5,4 %	+ 0,3 %	6	6	0	
Autres	4,4 %	3,7 %	- 0,7 %				
				110	118		

NB. Les résultats de 2009 sont encore provisoires. Le passage de 110 à 118 sièges s'explique par les sièges supplémentaires (4 pour la CDU et 4 pour les autres partis par souci d'équilibre).

Les sites internet à consulter

www.wahlen.hessen.de
www-fr-online.de/hessenwahl
www.election.de

*Henrik Scheller**

L'interpénétration entre Bund et Länder est la condition du bon fonctionnement de l'Etat fédéral

Le débat politique et scientifique sur l'ordre fédéral étatique est aussi ancien que la République fédérale elle-même. De 2003 à 2009, les deux commissions mises en place par le Bundestag et le Bundesrat en vue de « moderniser l'ordre fédéral étatique » et de « moderniser les rapports fiscaux entre Bund et Länder » ont alimenté le débat. Pourtant on ne peut s'empêcher de constater que celui-ci se caractérise de façon croissante par une plus grande réticence à s'engager sur la voie de réformes. Les projets avancés n'ont rien de nouveau, ce qui est également le signe d'une absence de repères. Le débat est ainsi dominé par les modèles et propositions qui ont déjà été faits dans les années 1960 et ont continué de servir de références jusque dans les années 1980. Ils se caractérisent pour l'essentiel par le paradigme du « désenchevêtrement (Entflechtung) et de la mise en concurrence », ceux qui critiquent le fédéralisme ne cessant de réclamer davantage de concurrence entre Bund et Länder ainsi qu'une plus grande autonomie de chacun de ces niveaux. Mais ces revendications n'ont jamais été soutenues par une majorité politique, ce qui s'explique sans doute par le fait que la rupture avec la tradition aurait été trop forte. De plus, les modèles cités ne proposaient pas de réponses adéquates aux transformations profondes qui se sont produites en Allemagne depuis l'unification en 1990, avec des effets différents d'un Land à l'autre, sur le plan socio-économique, fiscal et démographique. On ne cesse de retrouver au centre du débat le constat apodictique que l'Etat fédéral allemand serait incapable de réformes profondes en raison du blocage mutuel que se font Bund et Länder en raison d'un phénomène que l'on résume en un mot, connoté négativement, celui d'« interpénétration politique » (Politikverflechtung). L'usage redondant de ce cette expression à valeur de slogan occulte pourtant les conditions historiques de son émergence et les détails du théorème qu'elle recouvre (Scharpf, Fritz/Reissert, Bernd/ Schnabel Fritz 1976, p. 29).

L'affirmation d'un blocage entre Bund et Länder interdit, en fait, de voir ce qui empêche réellement le bon fonctionnement du fédéralisme et ne permet pas

* Dr. phil, H. Scheller. Gestionnaire de projets, Programme « Zukunftsmodelle » à la Fondation Bertelsmann et chargé de cours à l'Université de Potsdam. Il a déjà publié un article sur *la constitution financière de l'Allemagne* dans le dossier consacré à la réforme du fédéralisme allemand in AA, N° 184, mars-avril 2008, pp. 83-94.

d'apprécier à leur juste valeur les performances et les avantages de structures qui s'interpénètrent. Cette vision des choses est d'autant plus problématique que la plupart des questions politiques recouvrent aujourd'hui une multitude de strates, ce qui induit une approche qui passe par les différents niveaux du fédéralisme. On voit d'ailleurs bien dans la pratique constitutionnelle de tous les jours que, parallèlement à sa volonté de désenchevêtrer le fédéralisme, le législateur continue bien souvent à mêler à nouveau les niveaux. Aussi, cette étude part-elle de l'idée que « l'interpénétration politique », comprise comme la coopération librement choisie ou imposée par la loi entre différents niveaux étatiques au sein du fédéralisme, est une caractéristique constitutive de l'Etat fédéral moderne. Il s'agit alors de vérifier dans quelle mesure cette approche contribue à mieux faire comprendre comment fonctionnent les mécanismes et les processus politiques au sein de l'Etat fédéral allemand. L'objectif n'est pas seulement de réfléchir à l'apport et aux déficits d'un tel théorème mais encore d'éclairer les malentendus, voulus ou non, de sa réception dans le débat politique et scientifique qui a contribué à sa perversion. En effet, les formes de coopération structurelles entre niveaux fédéraux telles qu'elles ont été pratiquées et pertinemment décrites dans les années 1970 ont été discréditées. Le débat sur le fédéralisme n'évoluera dans le bon sens que s'il se concentre sur les processus de gouvernance fédérale et sur les mécanismes de direction dans un contexte fédéral, en vue d'optimiser et de légitimer les structures interpénétrées existantes. Une étude des constellations formées par les acteurs du fédéralisme et des structures faisant problème pourrait contribuer à différencier le débat sur le fédéralisme et à lui ouvrir des horizons plus vastes, à trouver des réponses aux questions négligées telles que l'évolution démographique, le changement climatique et les nouvelles formes de gouvernance et redéfinir ainsi les articulations entre Bund, Länder et communes.

1. Ecarts entre théorie et pratique constitutionnelle

Les interpénétrations structurelles existant entre Bund et Länder seraient prétendument à l'origine de la résistance du système fédéral allemand aux réformes. Ceux qui critiquent le système ne cessent d'attirer l'attention sur ces spécificités qui vont de pair avec une tendance affirmée à l'unitarisation depuis la fondation de la République fédérale (Hesse 1962 ; Abromeit 1993). Ce n'est pas sans raison que l'on recourt volontiers à l'image de la « voie à sens unique » pour caractériser ce qui serait une « erreur congénitale de l'ordre fédéral » ou le « piège de l'interpénétration politique », une façon de suggérer l'immobilisme du système alors que d'innombrables réformes ont transformé aussi bien le niveau fédéral que celui des Länder, sans parler des réformes d'envergure de ces dernières années qui ont porté sur la politique de l'emploi et la politique sociale, la santé et l'éducation, ou encore la politique budgétaire et la politique fiscale.

« Désenchevêtrer » les structures de coopération et de coordination entre le Bund et les Länder, cette revendication a remplacé aujourd'hui le discours normatif sur les modèles de fédéralisme impliquant l'idée d'un encadrement (framing, Benz 2008) pour faire face aux défis globaux que représentent, outre les transformations démographiques, la situation fiscale propre aux nouveaux Länder et les déficits de légitimité démocratique induits par la multiplicité des niveaux dans le système européen. C'est pourquoi, à propos des négociations entamées dans la perspective de la Réforme I du fédéralisme, Arthur Benz a parlé, dans les années 2003-08, du dilemme que représentait « le piège du désenchevêtrement » (Benz 2008). C'est aujourd'hui valable de la même façon pour la Réforme II. Dans un cas comme dans l'autre, la question centrale a été la séparation claire entre les compétences revenant au Bund et celles revenant aux Länder sans que soit posée la question de son avantage objectif. En matière de politique éducative, le Bund a réclamé davantage d'autonomie et les Länder, bien plus encore, sans vérifier quelle approche permettrait, par exemple, le mieux de surmonter les défaillances relevées dans le cadre des études PISA. Le dogme du « désenchevêtrement » n'est pas pour rien dans l'échec en 2004 de la première tentative de réforme du fédéralisme allemand. Les résultats de cette Réforme I, qui est finalement entrée en vigueur en septembre 2006, comportent, de ce fait, également de sérieux déficits.

Le rôle des acteurs et de leurs réseaux, les processus de prise de décision, la légitimation démocratique, la culture politique ont souvent été négligés dans l'étude que l'on faisait du fédéralisme (Benz 2001 ; 37 sq.). Il s'agit pourtant de variables politiques qu'il serait possible de faire intervenir ensemble pour éclairer l'impact des processus politiques dans un contexte fédéral (Schneider/Janning 2006 :15). Sous l'influence des économistes dont le rôle dans le débat sur le fédéralisme n'est pas sans importance, on se contente, aujourd'hui comme hier, de chercher à accroître l'efficacité et à optimiser les structures de décision du Bund et des Länder (cf. Seitz 2008, 154 ; Fuest 2008 ; 119 sq., antérieurement : Kronberger Kreis 2000 ; Fondation Bertelsmann 2000), sur la base de théories ou de modèles abstraits et idéaux de la démocratie (Scheller 2005 : 75sq.). Et pourtant on ne voit pas qu'il y ait eu, comme le revendiquent les représentants de la science financière, une réduction radicale des structures dénoncées d'enchevêtrement.

Les médias donnent l'impression que les processus de négociation politique sont devenus plus longs, plus complexes et plus opaques. Par contre, les délais pour faire adopter par le législateur un amendement semblent être devenus plus courts, en particulier si l'on prend pour exemple la fiscalité, la politique de l'emploi et la politique de santé. Selon Scharpf, cela pourrait avoir deux raisons, l'une étant intimement associée aux structures fédérales de l'Allemagne qui induiraient en raison de la constellation-même des acteurs impliqués une forme d'auto-blocage ; l'autre serait due à la complexité des sujets traités et des réglementations mises en place. Ce qui serait en cause, ce seraient donc les structures problématiques qui caractérisent les processus de négociation et de prises de décision. Scharpf en vient à faire ce constat presque banal que des « problèmes relevant de plusieurs niveaux » ne peuvent guère être traités de façon satisfaisante par des « structures de décision à un seul niveau » (Scharpf 1976, p. 29). L'approche fondée sur la critique d'une « interpénétration politique » du fédéralisme conduit à faire le constat que le principe de « l'équivalence fiscale » reste une représentation idéale parce que le cercle des personnes qui prennent les décisions est rarement le même que ceux qui ont à supporter les coûts de ces décisions ou profitent des prestations induites.

2. Interpénétration politique(Politikverflechtung) : Définition et typologie

En raison de l'usage inflationniste qui est fait de cette notion, il semble nécessaire d'en revenir à sa définition originelle. En 1976, Scharpf définit « Politikverflechtung » comme étant « *une* des *possibilités* disponibles, pour satisfaire le besoin de direction existant dans des systèmes de décision décentralisés afin de réduire des tendances spécifiques à ces systèmes d'induire des problèmes ». (Scharpf 1976, p. 21). Ce qui frappe dans cet énoncé, c'est sa neutralité et l'indication qu'il ne s'agit que d'une des options possibles pour minimiser le poids des problèmes à résoudre. Scharpf distingue entre niveau systémique d'une part et structures problématiques spécifiques d'autre part. Que la notion de « Politikverflechtung » ait aujourd'hui une connotation négative tient à l'évolution que celle-ci a connue quand, au milieu des années 1980, Scharpf lui-même a lancé l'image du « piège » que représenterait celle-ci, sur fond d'influence croissante des Communautés européennes sur la politique allemande. Par « piège de l'interpénétration politique » il faut entendre une structure décisionnelle qui comprend deux niveaux et plus. « En raison de sa logique institutionnelle (celle-ci engendre) systématiquement des décisions qui sont inefficaces et pas adaptées aux problèmes à résoudre ». En même temps, celle-ci se révèle « incapable de modifier les conditions institutionnelles de sa logique décisionnelle [...] » (Scharpf 1985, p. 350). Le niveau européen constituait un nouvel acteur qui rendait plus difficile encore la prise de décision déjà difficile en République fédérale et il ne semblait guère possible de sortir de cet immobilisme institutionnel. Ce faisant, Scharpf a lui-même contribué pour une bonne part à discréditer sa propre approche conceptionnelle.

On néglige également de voir qu'au départ Scharpf distingue trois formes différentes d'interpénétration politique. L'interpénétration horizontale est l'expression de la coordination des Länder entre eux. On parle d'« interpénétration hiérarchisée » quand existe une relation de subordination entre un niveau supérieur et plusieurs autres entités subordonnées. Inversement, des « systèmes d'association » (Verbundsysteme) servent à la participation, sur une base paritaire, du Bund et des Länder au processus législatif (Zintl 199, pp. 471sq.). Cette dernière forme d'interpénétration est caractéristique des compétences assumées en commun par le Bund et les Länder en Allemagne. Si l'on développe plus avant encore les réflexions conduites par Scharpf, on peut distinguer des formes d'interpénétration fonctionnelle et fiscale, formelles et informelles. Par ailleurs, l'imbrication croissante des différents champs politiques constitue une autre forme de mise en réseau, qui, à vrai dire, a peu retenu, jusqu'à maintenant, l'attention de la recherche.

Il n'arrive que rarement que soient abordées dans le débat constitutionnel les conséquences d'un choix que les constituants de 1949 ont fait délibérément, celui de confier la législation au niveau fédéral et l'exécution des lois au niveau des Länder. Ce choix implique une évidente coopération entre les différents niveaux fédéraux, de même qu'il est logique que les Länder, qui détiennent la quasi exclusivité de l'administration, participent à la législation via le Bundesrat (Conseil fédéral). Trop peu d'intérêt est également accordé à l'interpénétration fiscale, en particulier de la part des politistes (Scheller 2005, p. 91sq). Il ne s'agit pourtant pas, en l'occurrence, d'une « interpénétration des ressources » tel que nous la connaissons sous sa forme exemplaire d'une vaste communauté fiscale qui garantit que le Bund, les Länder et les communes reçoivent une part des recettes dues aux trois grands impôts communs que sont les impôts sur le revenu, sur les sociétés et sur la valeur ajoutée (TVA) (Helms 2006, pp. 122sq). Cela induit également des structures institutionnelles de coopération et d'interpénétration. En effet, dans bien des cas, cela réduit l'autonomie financière et budgétaire des différents niveaux fédéraux.

Une autre façon de distinguer les différentes formes d'interpénétration est d'en vérifier le degré de formalisation. On distingue donc entre coopérations formelles et informelles, mais il est vrai que cela conduit à poser la question de savoir à partir de quand il est possible de parler d'interpénétration institutionnalisée. Si l'on définit celle-ci comme étant une imbrication de compétences, en matière de prise de décision, au niveau de simples ressorts administratifs, on verra difficilement dans des conversations téléphoniques et l'échange de documents préparatoires une forme d'interpénétration. Et pourtant des accords verbaux ou des documents consignant les résultats de négociations entre les innombrables organismes de coordination entre Bund et Länder préfigurent bien souvent les résultats définitifs que formalisent les étapes suivantes du processus législatif. Cela montre à quel point le concept d'interpénétration reste abstrait et difficile à cerner. Mais il faut bien disposer de paramètres qui permettent une catégorisation.

3. Présupposés fondamentaux d'une approche de l'interpénétration organique

Au centre du théorème initial de Scharpf, Reissert et Schnabel on trouvait l'étude des structures institutionnelles interpénétrées que forment les organismes composites de planification et de financement existant entre Bund et Länder. Il n'était pas possible de partir de l'idée que « tous les problèmes posés par une forme de décentralisation étaient par principe semblables » et que, ce faisant, « les mêmes solutions ne pouvaient être appliquées à tous les problèmes », car « l'incongruence entre problèmes et modes d'action ne pouvait que croître » (Scharpf 1976, p. 25 et 22). En conséquence, chaque problème spécifique induit un mode de résolution adapté, produisant ses propres résultats en terme de résultats (lois, ordonnances, etc.) et de résultats induits (prestations ouvertes par les lois, les ordonnances, etc.). A noter ici les innombrables interdépendances existant entre les différents champs politiques, qui peuvent être source de conflits en raison de la répartition des compétences légales, ce qui conduit, une fois de plus, à douter du bien fondé d'une dissociation des niveaux dans le fédéralisme allemand.

Pour Scharpf (1976, pp. 25sq), il existe quatre types de problèmes. La recherche de solutions à ces problèmes nécessite la mise en place de mécanismes spécifiques qui tiennent compte d'intérêt différents et conduisent à un consens pour régler les conflits. Ce sont ces mécanismes qui permettent au système fédéral de fonctionner. Selon Scharpf (1976, p. 41), cette façon de prendre en compte intérêts centraux et décentralisés est plus performante que d'autres systèmes intégrés. Pour s'en convaincre, il convient de décrire, d'analyser et de systématiser les stratégies de négociation mises en place avant d'en vérifier les conséquences pour le Bund et les Länder. La réduction du nombre des acteurs concernés peut être obtenue par le désenchevêtrement ou une définition claire des compétences par niveau, la bilatéralisation, l'externalisation ou la spécialisation des questions à négocier. Une autre façon de procéder consiste à réduire les alternatives pour la prise de décision en recourant à ce qu'on appelle la « coordination négative », en segmentant les décisions ou en pratiquant la « coordination par le bas ». Quant aux possibilités susceptibles d'éviter les conflits, les recettes sont connues : on peut maintenir les structures existantes, garantir l'égalité de traitement financier des participants, maintenir les acquis, reporter la solution des conflits ou renoncer à toute réforme (Scharpf 1976, p. 54sq. et 1985, p. 328sq.).

En règle générale, on part de l'idée que, dans une négociation, plus le nombre des acteurs engagés est élevé, plus « il est vraisemblable de parvenir à un accord », mais c'est également ce qui se produit avec l'augmentation du nombre des décisions mises au choix (Scharpf 1976, p. 42), le pire étant atteint quand ces deux situations se combinent. Inversement, « l'existence de complexes multiples de décision indépendants les uns des autres permet de proposer compensations et compromis qui facilitent l'émergence d'un compromis pour l'ensemble » (Scharpf 1976, p. 44).

4. Les déficits relevés dans la réception et le développement d'une approche de l'interpénétration politique

Comme nous l'avons vu, cette approche passe aujourd'hui pour ne pas être particulièrement optimale. Pourtant, là où on estime que par définition les résultats (outputs) et les prestations induites (outcomes) des systèmes fédéraux sont insuffisants, on néglige d'établir, de façon conséquente, une comparaison entre les investissements faits pour obtenir un résultat (inputs, soit les idées, notes, programmes, négociations, débats politiques, etc.) et les résultats effectivement obtenus (outputs ou outcomes). L'étude empirique et comparative des performances des systèmes fédéraux ne livrent pas un constat aussi évident (Ehlert 2007), bien au contraire, ces systèmes ne passent pas pour être, de par leur nature même, moins bons que les systèmes unitaires ou décentralisés (Benz 2001, p. 40).

La seule étude des moyens mis en œuvre réduit à leur seule fonctionnalité les institutions politiques dont on sait pourtant bien qu'elles ne sont pas immuablement durables : elles peuvent se voir confier de nouvelles tâches, être dissoutes et remplacées par d'autres formes de coopération disposant de modalités différentes de concertation ; elle participent d'une dynamique permanente d'adaptation (Benz 1984, p. 58). Ce qui reste à clarifier, c'est dans et à quelles conditions de nouvelles structures interpénétrées voient le jour. Est-ce que celles-ci représentent des modèles d'évolution de type top-down (de haut en bas) ou bottom-up (de bas en haut) ? On ignore, en effet, bien souvent quelles motivations poussent des communes et des Länder à s'agréger au niveau supérieur ou à se laisser agréger par celui-ci. Entre autres, sans doute parce qu'ils voient là une ultime possibilité de participation et de défense de leurs intérêts.

La revendication d'une séparation claire et nette entre les compétences du Bund, des Länder et des communes, telle que celle-ci est formulée par la science financière, ne fournit que des réponses insuffisantes à la question des effets externes induits sur le plan politique. Se référant à la théorie économique du fédéralisme, Scharpf remarque que les questions à régler par les différentes collectivités territoriales ne peuvent l'être de façon compétente et efficace sur le plan économique qu'en transgressant leurs frontières vu leur portée géographique, financière et juridique. Aujourd'hui, toute question se traite plus que jamais dans un cadre de gouvernance internationale, il faut, en outre, tenir compte du cadre socio-économique global, du caractère limité des ressources disponibles et de la pression médiatique, tous phénomènes qui ont pour effet de réduire l'autonomie des acteurs dans un système fédéral.

Mesurer le degré d'interpénétration d'un système fédéral est extrêmement difficile ne serait-ce que parce qu'on ne sait pas s'il faut concevoir celle-ci comme un état structurel ou un processus dynamique. Le nombre d'institutions réunissant le Bund et les Länder ne dit rien de l'intensité ni de la qualité de leur coopération ou de leurs différentes formes de coordination. Il est également difficile d'apprécier la « capillarité du système ». Disposons-nous seulement d'indicateurs qui mesurent la qualité et la performance d'un tel système ? Est-il possible de dégager « une logique des modifications structurelles dans l'organisation d'un Etat » ? (Benz 1984, p. 53).

Restent, en raison de l'existence de plusieurs niveaux dans les système fédéraux, la question de la légitimité démocratique et celle, qui lui est liée, du contrôle de structures institutionnelles interpénétrées. On peut observer ici dans quelle mesure divergent deux objectifs différents : d'une part, l'exigence de transparence sur la base de responsabilités clairement établies par attribution aux différents niveaux du fédéralisme ; d'autre part, la dynamique que développe toute pratique fédérale qui évolue constamment entre interpénétration et désenchevêtrement, ce qui n'est pas sans conséquences en termes de centralisation/décentralisation. La question de la seule efficacité (légitimité par le résultat - output) n'est pas satisfaisante parce qu'elle ne fait que renforcer la tendance du système allemand à favoriser l'exécutif fédéral et à se résigner à la perte d'influence, si souvent dénoncée par ailleurs, des parlements régionaux et des citoyens.

Cela pose la question essentielle des conditions de fonctionnement de tout système fédéral. Un tel système ne peut marcher que sur la base d'un accord entre au moins deux niveaux. La perte d'influence des Länder en général et des parlements régionaux en particulier est le résultat, pour une bonne part, de renoncements, mais ceux-ci ne sont peut-être qu'apparemment volontaires, surtout pour ce qui est des domaines de compétences propres aux Länder tels que l'éducation. La question qui se pose est de savoir si les causes sont systémiques ou s'il faut les chercher dans les structures des problèmes à résoudre. La réponse est sans doute double.

5. Les potentialités de l'« interpénétration politique »

Au delà de la conception développée par Scharpf, des structures interpénétrées constituent, aussi bien d'ailleurs dans des Etat fédéraux qu'unitaires, des forums de discussion et de communication indispensables qui permettent une forme d'échange horizontal et vertical ainsi que la diffusion et le traitement d'informations (Blancke 2004, p. 195sq), ce qui favorise la confiance et l'acceptance en même temps que cela représente une forme de contrôle politique, à vrai dire par la seule instance exécutive. Une structure unitaire organisée de façon hiérarchisée ou une structure fédérale séparant strictement le Bund des Länder ne sont pas des alternatives crédibles à cette forme d'échange d'informations et de solution des problèmes. Sur le plan financier, des structures intégrées constituent une « entité de responsabilité commune » susceptible d'amortir les risques pris ensemble par le Bund, les Länder et les communes. On peut y voir un élément de stabilité, favorisant dans une certaine mesure l'homogénéité indispensable au maintien de l'unité dans un Etat fédéral. N'est-ce pas déjà la l'expression d'une culture politique correspondant en Allemagne fédérale au besoin de concilier péréquation financière dans un souci d'équilibre entre les Etats fédérés et unité de l'Etat fédéral ? Surmonter l'hétérogénéité, n'est-ce pas là un principe basique de tout fédéralisme ? N'est-il pas également frappant qu'en période de profondes réformes sociales, l'Etat fédéral, de par ses capacité d'adaptation, fait preuve d'une étonnante stabilité là où les critiques de l'interpénétration politique voit d'abord le risque de blocage et d'immobilisme et le meilleur moyen de brouiller les responsabilités ou de les faire porter aux autres niveaux (Berthold 2005 ; Fondation Bertelsmann 2001) ?

6. Conclusion et perspectives

L'approche du fédéralisme, conçu comme une forme d'interpénétration politique organique, a, dans sa version initiale, permis de mieux comprendre les spécificités de ce système en matière de traitement des problèmes et des conflits, il a également permis d'établir une typologie systématique des stratégies d'évitement des conflits et de formation de consensus, apportant ainsi des réponses aux effets politiques externes qu'engendre un système articulé en plusieurs niveaux. Les acteurs politiques ne peuvent régler les questions qui leur sont confiées qu'en dépassant le niveau qui leur est propre pour coopérer avec les autres niveaux. Il ne peut être qu'utile, dans le débat actuel sur le fédéralisme, d'en revenir à la distinction opérée par Scharpf entre les spécificités structurelles du fédéralisme et les problèmes structurels propres aux différents champs politiques, c'est-à-dire aux différents champs d'application de la politique, de la politique agricole à la politique étrangère en passant par l'économie et l'environnement, etc. Mais, des décennies durant, on a perdu de vue un aspect central de cette approche. Scharpf, Reissert et Schnabel partaient initialement de l'hypothèse que « des problèmes de nature différente posaient des défis différents au système politique » et que « des structures décisionnelles différentes étaient dans une plus ou moins grande mesure adaptées pour réagir aux exigences de problèmes différents ». C'est pourquoi « la combinaison systématique d'une typologie des problèmes à résoudre avec une typologie des structures de décision représentait un progrès essentiel pour une science du politique et de l'administratif qui tienne compte des problèmes à résoudre et colle à la pratique » (Scharpf 1976, p. 10 et 17). Hélas, c'est l'inverse qui est arrivé : l'approche en question a quitté le champ de la science pour être instrumentalisée par la politique et être alors réduite aux seules questions de blocage du système, ce à quoi Scharpf lui-même à contribué, comme nous l'avons vu, quand il a parlé du « piège » que représentait l'« interpénétration politique ».

En matière d'analyse des systèmes de négociation en milieu fédéral, la difficulté première tient sans doute à la répartition extrêmement diaphane, comme en filigrane, qui se fait entre acteurs du fédéralisme, niveaux institutionnels, partis, etc., construisant un équilibre politique invisible, que les structures interpénétrées visibles permettent seulement d'imaginer. C'est la raison pour laquelle le système fédéral passe aisément pour être, par définition, peu optimal en termes de output-outcomes. Bien souvent, les problèmes à résoudre sont par eux mêmes et en eux-mêmes porteurs de conflits d'intérêts qu'il convient pourtant de résoudre dans le respect de la constitution et de l'intérêt général. Le simple désenchevêtrement des compétences ne peut dès lors suffire à mettre en place les mécanismes qui permettront de solutionner les problèmes de façon compétente.

La question se pose de savoir s'il est aujourd'hui encore possible de ne pas réduire la réforme du fédéralisme en Allemagne à une question de désenchevêtrement des niveaux de compétences pour en revenir à l'idée fondamentale que le fédéralisme est fondé sur l'idée de compromis. C'est en même temps une question de culture politique, une culture qui s'inscrit dans la durée. Mais la perception que l'on a aujourd'hui en Allemagne de l'interpénétration politique part des moyens mis en œuvre (inputs) parce que l'on s'intéresse plus particulièrement aux structures institutionnelles dont on estime que ses prestations sont à la limite du satisfaisant alors que la culture politique allemande est bien davantage une culture du résultat (output) Les spécificités des processus de recherche d'une décision ne sont pas ainsi suffisamment pris en compte. Au total, le débat fait apparaître des approches divergentes qui témoignent d'un manque de repères et de normes. On oublie que c'est seulement dans un cadre institutionnel adéquat qu'il est possible d'affronter des problèmes structurels complexes en réseau. Or, l'interpénétration politique implique toujours également une réaction institutionnelle à de nouvelles structures de problèmes qui, en raison même du vide de compétences existant ne peut trouver qu'une solution diagonale, à travers les niveaux de compétences. La coopération entre Bund et Länder représente, en pareil cas, une réduction des risques. C'est pourquoi Scharpf a, dès 1976, attiré l'attention sur le fait qu'il convenait d'étudier non seulement les structures des problèmes dans les différents champs du politique mais encore les mécanismes mis en place pour négocier les solutions et provoquer les décisions.

Aujourd'hui, la dynamique de ces mécanismes de négociation et de prise de décision n'est plus seulement envisagée comme dans les années 1960/70 en fonction du déroulement classique des processus législatifs et administratifs. En plus des structures intégrées du Bund et des Länder et de la coordination horizontale des Länder entre eux, est pris en compte le fait que des mécanismes souples de gouvernance contribuent désormais à orienter la décision politique, tels que le monitoring (observation du déroulement d'un processus pour le contrôler), le benchmarking (comparaison systématique des résultats d'un système) et les peer reviews (évaluation par les pairs), autant d'instruments de mesure et de comparaison qui interviennent dans le sens d'une harmonisation croissante. La politique éducative en fournit un bon exemple. Le recours croissant à ces pratiques – que fait l'autre dont je pourrais m'inspirer – oblige les Länder à justifier davantage leurs choix. Le moindre paradoxe n'est pas, en l'occurrence, que, pour rendre possible la comparaison entre les systèmes éducatifs des Länder, il faut bien souvent commencer par uniformiser leurs structures ! La norme de comparaison étant la moyenne des Länder, toute déviation de la norme vers le bas contraint le Land concerné à se justifier. Cela fonde un autre paradoxe : alors que les différences entre Länder n'ont cessé de croître depuis l'unification, les performances des Länder sont évaluées sur la base de critères unitaires qui ne peuvent pas tenir compte de façon appropriée des spécificités de chacun d'entre eux. Ceci, bien que l'on sache qu'il n'est guère possible d'influencer durablement ce qui fait la caractéristique de chaque Land sur le plan géographique, démographique et socio-économique.

L'étude des processus de négociation et de prise de décision au sein du fédéralisme allemand dans les différents champs politiques fait apparaître que les constel lations d'acteurs, qui étaient auparavant fermées, s'ouvrent de façon croissante. Cela est sans doute à mettre en relation avec la prise de conscience que « le rêve d'une prospérité permanente était de courte durée » (Lutz 1984) La conséquence en est la recherche de nouveaux instruments de direction politique, un phénomène qui, au grand dam des Länder, permet aux acteurs non gouvernementaux d'accroître leur influence. L'accroissement du nombre de comparaisons entre les Länder oblige ceux-ci à justifier leurs choix politiques à intervalles de plus en plus courts, un phénomène qui, jusqu'à maintenant, n'a pas suffisamment retenu l'attention de la recherche. Or, n'y aurait-il pas là la source d'une nouvelle rupture structurelle ? A la tension opposant concurrence entre les partis et concordance de la démocratie s'ajouterait celle qui oppose l'autonomie fédérale et la comparaison à objectif unitaire entre les Länder (Lehmbruch 2000).

Que suit-il de tout cela pour saisir l'interpénétration complexe du fédéralisme allemand ? Qu'en plus des approches fondées sur l'articulation en plusieurs niveaux ou sur sa fonction de blocage, l'on a besoin d'un modèle théorique et méthodologique de type modulaire pour le comprendre. Certes l'approche par la gouvernance et l'étude détaillée des politiques (mikro-policy) ouvrent de nouvelles perspectives (cf. entre autres Benz 1985 et 2004 ; Schuppert 2005 ; Tsebelis 1995 et 2002), mais aucune ne permet à elle seule d'appréhender la multiplicité des couches du fédéralisme allemand. Une catégorisation des structures interpénétrées, susceptible de conduire à une généralisation valable, doit passer par l'étude des différents champs politiques d'application ou des structures des problèmes qui leur sont associés. Ce n'est que si l'on s'attaque de près à des échantillons bien ciblés des différents champs politiques qu'il sera possible de mieux comprendre la dynamique des influences réciproques qui s'exercent entre d'une part les structures et les processus fédéraux et les résultats politiques obtenus d'autre part. Combiné aux approches de Scharpf, Reissert et Schnabel, cela donne une matrice qui permet de distinguer les structures des problèmes posés, les raisons avancées par les acteurs qui favorisent l'interpénétration et les formes structurelles d'interpénétration.

Cette matrice pourrait, par exemple, contribuer à éclairer le jeu qui s'exerce entre les obligations constitutionnelles de coopération, les contraintes objectives d'action et les motivations des acteurs qui favorisent l'interpénétration. En introduisant la dimension individuelle dans l'étude des négociations, il deviendrait possible d'aller plus loin que l'étude des seuls processus de décision ou que l'analyse des résultats obtenus (outputs et outcomes). Les motifs qui conduisent les acteurs à élargir, le plus souvent sans contraintes, le champ de l'interpénétration mutuelle faciliterait la compréhension d'un phénomène politique et culturel. On observe ainsi chez les acteurs des Länder une certaine tendance au conformisme qui consiste à imiter ou même à reprendre à l'identique des solutions avancées ailleurs, sans qu'une loi les y oblige. Mais qu'est-ce qui explique cette forme de contrainte collective, pourquoi les Länder sont-ils si peu disposés à chercher des solutions par eux-mêmes ? Cette question qui porte sur les motifs conduit à une autre, sur les stratégies mises en œuvre pour défendre ses intérêts à partir de structures interpénétrées. (tableau ci-après)

En conclusion, il est possible de dire que la complexité des structures existantes d'interpénétration au sein de l'Etat fédéral allemand ne peut être réduite à la dichotomie interpénétration-désenchevêtrement. Il faut recourir à une multiplicité d'approches pour tenter d'aborder cette multiplicité de couches sur la base du constat que l'interpénétration est constitutive du fédéralisme. Le débat sur la réforme du fédéralisme ne peut de ce fait se limiter à une réflexion sur le désenchevêtrement de ce qui est organique.

(Traduction : J. Vaillant)

Structures des problèmes	Motifs en faveur de l'interpénétration	Structures interpénétrées
Nouveau type de pb., sans précédent historique • Vacuité de la compétence • Manque de routine • Difficultés à évaluer les conséquences de la loi	Equilibre du pouvoir et division du pouvoir Communauté de responsabilité • Rejet du risque • Conformisme	Répartition fonctionnelle des tâches • obligations constitutionnelles • et légales (Scharpf)
Dimension des effets externes • Dimension temporelle • Dimension financière • Dimension spatiale • Degré de guidage de l'opération Länder	Instrumentalisation par les partis Réputation du Bund et des • Développement des compétences • ou préservation des compétences	Interpénétrations fiscales • Communauté discale • Péréquation financière Interpénétration des champs politiques Interpénétration formelles/ informelles
Conséquences (impacts) • Conséquences imprévues • Conséquences voulues (effets externes, attribution des conséquences à d'autres) • Mobilisation	Surestimation ou sous-estimation par les acteurs des marges de manœuvre disponibles Relations de confiance	Interpénétration par nouvelles formes de gouvernance (monitoring, benchmarking, etc.) Degré d'influence des variables • Changements démographiques • Processus législatif

Source : Henrik Scheller et Josef Schmid (éds) 2008 : Föderale Politikgestaltung im deutsche Bundesstaat. Variable Verflechtungsmuster in Politikfeldern, Baden-Baden, p. 356.

Bibliographie

Abromeit, Heidrun, 1993 : Der verkappte Einheitsstaat, Opladen : Leske + Budrich.

Benz, Arthur, 2008 : Föderalismusreform in der « Entflechtungsfalle », in : *Europäisches Zentrum für Föderalismus-Forschung Tübingen* (Hrsg.) : Jahrbuch des Föderalismus 2007, Baden-Baden: Nomos Verlagsgesellschaft, S. 180-190.

Benz, Arthur, 2005 : Kein Ausweg aus der Politikverflechtung ? – Warum die Bundesstaatskommission scheiterte, aber nicht scheitern musste, in : Politische Vierteljahreszeitschrift, Heft 2, Jg. 46, S. 207-217.

Benz, Arthur (Hrsg.), 2004 : Governance – Regieren in komplexen Regelsystemen – Eine Einführung, Wiesbaden: VS-Verlag.

Benz, Arthur/Lehmbruch, Gerhard (Hrsg.), 2002 : Föderalismus – Analysen in entwicklungsgeschichtlicher und vergleichender Perspektive, in : Politische Vierteljahresschrift Sonderheft 32/2001, Jg. 42, S. 40ff.

Benz, Arthur, 1985 : Föderalismus als dynamisches System, Baden-Baden : Nomos Verlagsgesellschaft.

Benz, Arthur, 1984 : Zur Dynamik der föderativen Staatsorganisation, in : Politische Vierteljahresschrift, Heft. 1, Jg. 25, S. 53-73.

Bertelsmann Stiftung, 2001 : Neuordnung der Kompetenzen zwischen Bund und Gliedstaaten. Kommission « Verfassungspolitik & Regierungsfähigkeit », Gütersloh.

Bertelsmann Stiftung, 2000 : Entflechtung 2005 – Zehn Vorschläge zur Optimierung der Regierungsfähigkeit im deutschen Föderalismus. Kommission « Verfassungspolitik & Regierungsfähigkeit ». Gütersloh.

Berthold, Norbert, 2005 : Wege aus der institutionellen Verflechtungsfalle – Wettbewerb oder Kooperation ? Würzburg : Wirtschaftswissenschaftliche Beiträge.

Blancke, Susanne, 2004 : Politikinnovationen im Schatten des Bundes – Policy-Innovationen und – Diffusionen im Föderalismus und die Arbeitsmarktpolitik der Bundesländer, Wiesbaden : VS-Verlag.

Ehlert, Niels, 2007 : Föderalismus, Dezentralisierung und Performanz – Eine makroquantitative Analyse der Leistungsfähigkeit territorialer Politikorganisation in den OECD-Ländern, Saarbrücken : VDM Verlag.

Fuest, Clemens 2008 : Steuerwettbewerb unter den Ländern – wären die finanzschwachen Länder die Verlierer ? In : *Konrad, Kai A./Jochimsen, Beate (Hrsg.)* : Föderalismuskommission II : Neuordnung von Autonomie und Verantwortung. Frankfurt am Main : Peter Lang.

Helms, Ludger, 2006 : Föderalismus und Bundesstaatlichkeit in Deutschland : Eine Analyse aus der Perspektive der vergleichenden Politikwissenschaft, in : *Europäisches Zentrum für Föderalismus-Forschung* (Hrsg.), Jahrbuch des Föderalismus 2006, Baden-Baden : Nomos Verlagsgesellschaft, S. 115-135.

Hesse, Konrad, 1962 : Der unitarische Bundesstaat, Karlsruhe : Verlag C. F. Müller.

Kronberger Kreis, 2000 : Die föderative Ordnung in Not – Zur Reform des Finanzausgleichs. In : Schriftenreihe des Frankfurter Instituts : Bd. 36.

Lehmbruch, Gerhard, 2000 : Parteienwettbewerb im Bundesstaat, Wiesbaden : VS-Verlag.

Lutz, Burkart, 1984 : Der kurze Traum immerwährender Prosperität. Eine Neuinterpretation der industriell-kapitalistischen Entwicklung im Europa des 20. Jahrhunderts, Frankfurt/Main : Campus Verlag.

Mayntz, Renate, 2004 : Governance Theory als fortentwickelte Steuerungstheorie ?, in : MPIfG Discussion Paper 04/1, Köln.

Scharpf, Fritz W./Reissert, Bernd/Schnabel, Fritz, 1976: Politikverflechtung: Theorie und Empirie des kooperativen Föderalismus in der Bundesrepublik, Kronberg: Scriptor Verlag.

Scheller, Henrik/Schmid, Josef (Hrsg.), 2008 : Föderale Politikgestaltung im deutschen Bundesstaat. Variable Verflechtungsmuster in Politikfeldern, Baden-Baden : Nomos Verlagsgesellschaft.

Scheller, Henrik, 2005 : Politische Maßstäbe für eine Reform des bundesstaatlichen Finanzausgleichs, Berlin : Analytica Verlag.

Schneider, Volker/Janning, Frank, 2006 : Politikfeldanalyse – Akteure, Diskurse und Netzwerke in der öffentlichen Politik, Wiesbaden : VS-Verlag.

Scharpf, Fritz W., 1985 : Die Politikverflechtungs-Falle : Europäische Integration und deutscher Föderalismus im Vergleich. In : Politische Vierteljahresschrift, Heft. 4, Jg. 26, S. 323 – 356.

Schultze, Rainer-Olaf, 2001 : Politikverflechtung, in : *Nohlen, Dieter* (Hrsg.) 2001 : Kleines Lexikon der Politik, München : Verlag C. H. Beck.

Schuppert, Gunnar Folke (Hrsg.), 2005 : Governance-Forschung. Vergewisserung über Stand und Entwicklungslinien, Baden-Baden : Nomos Verlagsgesellschaft.

Seitz, Helmut, 2008 : Föderalismusreform zwischen Anspruch und Wirklichkeit. In : *Konrad, Kai A./Jochimsen, Beate (Hrsg.)* : Föderalismuskommission II : Neuordnung von Autonomie und Verantwortung. Frankfurt am Main : Peter Lang.

Tsebelis, George, 1995 : Decision Making in Political Systems : Veto Players in Presidentialism, Parliamentarism, Multicameralism and Multipartyism, in : British Journal of Political Science, 25, 3, S. 289 – 325.

Zintl, Reinhard, 1999 : Politikverflechtung und Machtverteilung in Deutschland, in : *Ellwein, Thomas/Holtmann, Eberhard* (Hrsg.), 50 Jahre Bundesrepublik Deutschland. Rahmenbedingungen – Entwicklungen – Perspektiven, Politische Vierteljahresschrift, Sonderheft 1999, Wiesbaden/Opladen : VS-Verlag.

Documentation

Prix Adam MICKIEWICZ 2008 pour la coopération franco-germano-polonaise à W. Bartozewski, R. von Thadden et J. Vaillant

Allemagne d'aujourd'hui a documenté en son temps l'attribution du prix Adam Mickiewicz, attribué pour la première fois en 2006 par le *Comité pour la promotion de la coopération franco-germano-polonaise* aux ministres des Affaires étrangères des trois pays, Roland Dumas, Hans-Dietrich Genscher et Krzysztof Skubiszewski qui fondèrent, le 29 août 1991, le « Triangle de Weimar » (cf. AA, N° 179/2007, pp. 40-55). En 2007, le comité a retenu l'Office franco-allemand pour la jeunesse et l'Office germano-polonais pour la jeunesse. En 2008, trois professeurs d'université ont été à l'honneur : Władisław Bartozewski, Rudolf von Thadden et Jérôme Vaillant. Rudolf Polenz, président de la commission des Affaires étrangères du Bundestag, a fait la laudatio des lauréats, en présence de nombreuses personnalités dont le maire de Weimar, Stefan Wolf, dans la salle d'honneur de l'Hôtel de ville de Weimar, le 29 août, le lendemain du 259e anniversaire de la naissance de J.-W. Goethe. Dans les informations fournies à la presse, Klaus-Heinrich Standke précise les critères qui ont été retenus pour l'année 2008 : « *distinguer des personnalités venant du monde universitaire qui, représentatifs pour bien d'autres, ont, de par leur engagement dans la société civile mais aussi dans la recherche et l'enseignement, apporté une contribution visible à la réconciliation entre les trois grands pays voisins que sont l'Allemagne, la France et la Pologne. Chacune des personnes distinguées cette année répondent de par leur engagement personnel à ces critères. Partant tout d'abord d'une approche bilatérale, chacun a bientôt fait le constat que dans une Europe devenue plus grande l'extension du rapport bilatéral au troisième partenaire d'importance historique ne pouvait être que favorable à la poursuite de l'œuvre d'unification de l'Europe.* »

Né en 1922 à Varsovie, W. Bartozewski est, rappelle R. Polenz, à la fois « *un historien, un éditorialiste, un homme politique, un témoin de son temps, un résistant, un ancien déporté des camps de concentration, une victime des persécutions de la dictature stalinienne ; il a été Secrétaire du comité directeur du PEN-Club de Pologne, ambassadeur, il a été deux fois ministre des Affaires étrangères, sénateur, il est aujourd'hui ministre d'Etat dans le gouvernement Tusk et porteur de nombreuses distinctions* », avant d'ajouter que « *ce n'est pas sans raison que ses œuvres ont des titres tels que* 'Automne de l'espoir', 'Cela vaut la peine de bien se conduire' et 'Arrache-nous la haine de notre âme'. » A 61 ans, W. Bartozewski déclarait « *rêver de voisins avec qui il pourrait échanger… Je voudrais faire l'expérience que pour un jeune Allemand un Polonais est un Polonais, un sportif, un acteur ou que sais-je d'autre, que cela soit une affaire banale. Et à celui qui dit que cela est encore un rêve je réponds que c'est rêver pour l'avenir.* » Heinrich Böll avait qualifié W. Bartozewski, dans un commentaire resté célèbre de 1983, *« de catholique passionné, de Polonais passionné et d'humaniste passionné.* » R. Polenz dit, en conclusion, que H. aurait dû ajouter qu'il était aussi « un Européen passionné ».

Tout comme Rudolf von Thadden, né en 1932 à Trieglaff, en Poméranie orientale. Après des études d'histoire, de théologie et de romanistique aux universités de Tübingen, Paris et Göttingen, il occupe, à compter de 1969, la chaire d'histoire moderne et contemporaine à l'Université Georg-August de Göttingen. De 1985 à 1994, R. von Thadden est président de l'Institut franco-allemand de Ludwigsbourg. En 1991, il participe à la fondation de l'Université européenne Viadrina de Francfort sur l'Oder. Deux ans plus tard, il crée, avec Brigitte Sauzay, l'institut de Genshagen pour la coopération franco-allemande. De 1999 à 2003, il est coordinateur des relations franco-allemandes. Rudolf von Thadden allie en lui-même l'objectivité de la recherche scientifique et l'engagement politique.

A travers le dernier lauréat, c'est la revue *Allemagne d'aujourd'hui* qui est honorée pour son apport à la connaissance du « Triangle de Weimar ». Il est possible de retrouver la totalité de la laudatio de Rudolf Polenz sur le site du *Comité pour la promotion de la coopération franco-germano-polonaise* < http://www.weimarer-dreieck.eu/index.php > à la rubrique « Prix Adam Mickiewicz » ainsi que les différentes allocutions des personnalités représentées. On écoutera également avec intérêt l'entretien accordé par le fondateur du comité, Klaus-Heinrich Standke, à Radio France Internationale le 28 août 2008 : <http://www.rfi.fr/actude/articles/104/article_480.asp >

Władisław BARTOSZEWSKI

Plus que le sentiment de reconnaissance personnelle, ce qui me réjouit aujourd'hui c'est le nom de la personne qui a donné son nom au prix dont je suis le lauréat et la corrélation établie avec les valeurs qui servent de fondement au « Triangle de Weimar ». En Pologne, Adam Mickiewicz n'est pas seulement le fondateur et un des principaux représentants du romantisme polonais, qui a fait son entrée dans les manuels littéraires avec la publication en 1822 de son recueil « Ballades et Romans », il incarne bien plus encore le patriotisme en soi, l'amour de la patrie, la nostalgie du pays perdu et du bonheur perdu. Mais sa vie et sa création nous montrent un chemin qui va plus loin encore, puisque peu à peu il prend conscience de son appartenance à une culture européenne commune, construite sur le fondement des valeurs chrétiennes : *« La croix,* disait-il, *a des bras longs qui s'étendent sur toute l'Europe.* »

Quiconque étudie la vie et les écrits de ce grand poète, trouvera tout sauf un expatrié banni qui, démuni, cherche à survivre dans un pays pour lui étranger. En raison des circonstances du moment, Mickiewicz a bien perdu sa patrie au sens strict du terme, mais il a trouvé un nouveau domicile spirituel dans de nombreux centres culturels de son temps, Berlin, Dresde, Prague, Florence, Rome, Naples, Genève, Paris ainsi qu'à Weimar. C'est ici qu'il a assisté au 80e anniversaire de Johann Wolfgang Goethe, ici que, parmi les autres invités, il a rencontré d'autres éminentes personnalités, comme le sculpteur français David d'Angers qui habitait, comme lui, à l'Hôtel Eléphant, sur la place du marché et à qui nous devons un médaillon, conservé, le représentant de profil. C'est ici également qu'il reçut de Goethe une de ses plumes et un poème avec une dédicace personnelle. Une strophe de ce poème mérite de retenir notre attention :

Wenn Freundes Antlitz dir begegnet	Quand tu rencontres le regard d'un ami,
So bist Du gleich befreit, gesegnet	Tu es aussitôt libéré et béni,
Gemeinsam freust du dich der Tat	Et te réjouis de l'œuvre commune.
Ein Zweiter kommt, sich anzuschließen	Qu'un deuxième arrive et se joigne à vous,
Mitwirken will er, mitgerissen,	Pour créer de concert, entraîné,
Verdreifacht so sich Kraft und Rat	Alors est multipliée par trois la force et le conseil

Ces vers de Goethe de 1829 sur l'« amitié triplée » préfigurent en quelque sorte la déclaration que les trois ministres des Affaires étrangères, Dumas, pour la France, Genscher, pour l'Allemagne, et Skubiszewski, pour la Pologne, ont signée en août 1991, le jour de l'anniversaire de Goethe, ici à Weimar. L'objectif premier du « Triangle de Weimar » était alors pour l'essentiel d'amarrer plus fortement la Pologne à la politique européenne et de promouvoir son intégration dans les structures euro-atlantiques. N'oublions pas que l'Europe centrale et orientale n'en était, en 1991, qu'au début de son processus de transformation. L'Union soviétique existait encore, l'Armée rouge stationnait en Pologne et les transformations politiques qui passent aujourd'hui pour aller de soi n'étaient pas encore acquises. Grâce à l'initiative des trois ministres des Affaires étrangères, la Pologne est la seule nouvelle démocratie qui eut le sentiment d'un ancrage particulier aux côtés des Etats à qui l'intégration européenne doit sa dynamique particulière. Des rencontres régulières des représentants des trois pays rendirent possible un échange direct d'idées sur les questions internationales les plus importantes et permirent à la Pologne de défendre son propre point de vue sur des questions clés. Ce faisant, le « Triangle de Weimar » a contribué de façon essentielle, pendant les années 1990, à activer les relations germano-polonaises hypothéquées, pour des raisons compréhensibles, par l'histoire et à jeter les bases d'un retour à la normalité. S'il arrive d'aventure aujourd'hui que l'ombre de l'histoire nous rattrape, c'est que nous avons, par la suite, négligé de poursuivre sur la voie positive ouverte à Weimar.

On ne peut trop dire ici le rôle que joue la ville de Weimar où souffle non seulement l'esprit européen de la culture mais encore celui de l'idée de la démocratie allemande. C'est ici que le 11 août 1919 fut fondée la République de Weimar, du nom de la ville où siégeait l'Assemblée nationale constituante ; elle représentait la deuxième tentative, après la Révolution de mars 1848, d'établir en Allemagne une démocratie libérale, la première à connaître le succès, même si celui-ci fut de courte durée.

En 1991, l'Europe était, une fois de plus, arrivée à un tournant de son histoire. Elle cherchait pour les peuples de nouvelles formes de vie en commun. La déclaration des trois ministres des Affaires étrangères réunis à Weimar disait : « *Nous sommes conscients que les Polonais, les Allemands et les Français exercent une responsabilité déterminante dans la réussite de structures porteuses d'avenir pour les relations de voisinage en Europe.* » Et plus loin encore : « *Nous avons désormais la chance unique de faire progresser la nouvelle Europe en assumant une responsabilité commune dans un esprit de solidarité humaine et avec le sentiment d'appartenir à une communauté de destin ainsi qu'en nous appuyant sur l'héritage de nos valeurs communes.* » Voilà bien un projet qui aurait convenu à Adam

Mickiewicz quand il écrivait : « Plus qu'à des actions héroïques et glorieuses, je pense à des œuvres utiles qui se font sans bruit ». Une façon au demeurant de préfigurer l'idéal positiviste du travail en place des imprévisibles éclats sentimentaux et romantiques. C'est ainsi que je vois le « Triangle de Weimar », comme la mise en pratique d'une recherche patiente du dialogue et de la coopération. Le dialogue n'a pas besoin d'éclats de voix ou d'héroïques actions romantiques. Il est fondé sur la bonne volonté. Le dialogue est le meilleur garant de la paix dont Mickiewicz disait, dans une traduction dont vous pardonnerez l'absence de poésie, qu'*« elle est un bien à venir et mon bonheur à venir. Je ne voudrais pas d'un Dieu si Dieu n'était pas la paix. »*

Rudolf von THADDEN

C'est pour moi un grand honneur et une grande joie de recevoir cet important prix qu'est le Prix Adam-Mickiewicz, c'est à la fois un honneur et un engagement. Mais comme tous les prix, il pose une question à celui qui le reçoit : quelles sont les raisons du jury qui font qu'il a l'honneur de compter parmi les récipiendaires ?

Je me suis demandé si mon engagement pour la cause du « Triangle de Weimar » et la compréhension germano-franco-polonaise était de nature à justifier une telle distinction. Cette réflexion m'a convaincu qu'il y aurait des personnes plus dignes de la mériter. Mes recherches ne portent pas sur le domaine littéraire qui est associé au nom d'Adam Mickiewicz. Aussi me suis-je demandé s'il n'y avait pas d'autre raison d'être ainsi associé au nom de ce grand poète national polonais. Adam Mickiewicz est issu de la noblesse campagnarde polono-lithuanienne marquée par les conflits de nationalités qu'a connus l'Europe. On savait dans cette famille ce que cela signifiait d'être un réfugié. Ses membres avaient fait l'expérience que l'Europe était bien souvent le seul espoir pour les désespérés. De plus, Mickiewicz a écrit une œuvre dont le titre à lui seul ne peut laisser un Thadden indifférent, une œuvre qui fait sauter les frontières nationales, « Pan Tadeusz », en français « Messire Thadée ». Elle raconte les expériences d'un noble de province placé entre Ancien Régime et Monde moderne et cela concerne la Pologne, l'Allemagne et la France. J'en lis quelques extraits :

Je me souviens, quoique ce fût dans mon jeune âge,
Lorsque vint chez mon père, en curieux équipage,
Au district d'Oszmiana, le fils de l'Echanson
– Premier Lithuanien aux françaises façons :
Tous suivaient, comme après l'autour les hirondelles !
On envia la maison près du seuil de laquelle
Sa gimbarde à deux roues il fut mettre à l'arrêt
– Et qui s'appelle une carriole, en français.
Sur la malle, deux chiens, au lieu de domestiques ;
Un cocher allemand comme une planche, étique ;
Des jambes... d'un houblon, tels sont les échalas !
Des agrafes d'argent aux souliers – et des bas !
Une perruque à queue, en un filet serré...
A ce tableau, des vieux éclata la risée ;
Les rustres se signaient, voyaient : « au monde errant,
Un diable de Venise en carrosse allemand » !
Le fils de l'Echanson serait long à décrire :
Un singe, un perroquet, il semblait, pour tout dire ;
De sa grande perruque, il nommait les cheveux :

La Toison d'or – et nous : des crins d'âne teigneux !
Qui jugeait, en ces temps, la mode polonaise
Plus belle que la singerie à la française,
Se taisait : la jeunesse, aussitôt, l'eût chargé :
« Etouffoir culturel, traître au monde à changer ! »
Tel était le pouvoir des nouveaux préjugés.
Il fallait, nous dit l'autre, expliquant sa venue,
Qu'on nous réforme, et civilise, et constitue ;
Que d'éloquents Français (il l'annonçait bien haut)
Avaient trouvé ceci : les hommes sont égaux...
Quoique ce soit dans l'Evangile, dès notre ère,
Et que chaque curé l'ait redit de sa chaire !
Vieille leçon... le tout était de l'accomplir !
Un tel aveuglement, en ces jours, put sévir,
Que chose on ne croyait, vieille comme les rues,
A moins, dans un journal français, d'être relue !
Foin des égaux ! Le fils d'Echanson fut marquis :
Quand la mode eut passé d'être un aristocrate,
Ce même marquis-là se voulut démocrate ;
Puis, nouveau changement avec Napoléon :
Le démocrate, de Paris, revint baron !
Eût-il vécu ... – les choses retournant au même,
De démocrate il eût redoublé le baptême...
Car Paris met sa gloire à changer ce qui plaît :
Ce que Français conçoit, l'aime le Polonais. [1]

Ce sont des phrases que mon aïeul, le célèbre piétiste Adolph von Thadden de Trieglaff, aurait pu écrire, sans doute avec un talent littéraire moindre. Pendant les années qu'A. Mickiewicz passait à écrire Pan Tadeusz, il a écrit quelques vers comparables par les sentiments qu'ils expriment :

Le Poméranien est un rêveur, attiré par le Sud ;
Il pense que là-bas jamais il ne fatiguera.
Mais en Italie personne ne nous demande où est la Poméranie.
Parce que là-bas il n'y a pas d'hiver, c'est toujours l'été.
N'oublie donc pas : la baltique aussi est belle ;
Il n'est pas besoin de toujours vouloir voir la Méditerranée.

Il n'y pas seulement des communautés d'intérêts comme aujourd'hui entre Polonais, Allemands et Français, il y a encore des liens profonds qui nous unissent. Tout Européen cultivé sait ce qu'est l'« Ancien Régime » et s'il a une culture politique, il sait aussi combien le chemin qui nous a conduits vers la modernité a été difficile, les sociétés évoluent aussi lentement que les économies. C'est aussi pour cela que nous avons besoin les uns des autres. Nous avons besoin d'échanger nos expériences et nos souvenirs, nous devons reconnaître ce qui nous unit. Français, Allemands et Polonais ont dans ces temps de conflit aux frontières de l'Europe de bonnes raisons de penser ensemble à leur appartenance commune. Ils se doivent de montrer que le « Triangle de Weimar » n'est pas seulement un lieu de mémoire mais un lieu où l'on apporte la preuve que l'on peut s'affirmer face à d'autres puissances. Nous devons être en mesure de mener une politique autonome à l'égard des Etats-Unis et de la Russie. Et pour cela l'esprit de Weimar ne peut nous être qu'un bon secours.

1. Traduction française de Roger Legras, vers 435-480, *Messire Thadée*, Paris, Editions l'Age d'Homme, 1992.

Jérôme VAILLANT

C'est un grand honneur pour moi de recevoir en même temps que Monsieur Bartozewski et Monsieur von Thadden le Prix Adam Mickiewicz. Je le reçois avec fierté et avec le sentiment d'avoir une idée commune à défendre. Adam Mickiewicz n'était pas seulement le grand poète national romantique de la Pologne, il était également un grand intellectuel progressiste européen. Ce qui lui valut d'être persécuté et contraint à l'exil, il trouva refuge et travail en France, à Paris, au Collège de France. A sa mort en 1855, sa dépouille fut tout d'abord transportée à Paris, ce n'est qu'en 1890 qu'il trouva sa dernière demeure à Cracovie. Son emphase poétique peut nous paraître aujourd'hui excessive, mais pas plus que celle de Victor Hugo ou de Michelet en France, il a été un patriote au moment où il le fallait en même temps qu'européen, en cela d'ailleurs semblable à Hugo. George Sand l'a traduit en français, Antoine Bourdelle l'a éternisé dans la pierre.

A travers moi, c'est la revue « Allemagne d'aujourd'hui » qui est honorée, une revue modeste par les moyens dont elle dispose mais qui a l'ambition, comme le germaniste Robert Minder l'a un jour formulé, d'essayer d'expliquer aussi entièrement que possible une culture et une société vivantes. Mais comme il ne peut s'agir seulement d'analyser et d'interpréter, la revue prétend également être un forum franco-allemand : au delà de l'information et de la recherche, l'objectif visé est bien d'agir. Du moins espérons-nous qu'à l'occasion nous exerçons une influence. Il n'était sans doute pas sans importance qu'« Allemagne d'aujourd'hui », qui ne traitait pas seulement de la République fédérale d'Allemagne mais également de la RDA, ait pris position, sans ambiguïté, en faveur de la réalisation de l'unité allemande. Dans le titre de la revue, 'Allemagne' était, de 1973 à 1989, au pluriel, le retour au singulier devait être un signal fort. Cela explique sans doute également pourquoi nous continuons de nous intéresser à ce qui se passe dans les nouveaux Bundesländer et cela explique encore que nous nous soyons particulièrement intéressés au premier voisin oriental de l'Allemagne, la Pologne. Celle-ci connaissait, dans un cadre de départ différent, le même processus de transformation que les nouveaux Bundesländer. On ne pouvait oublier que le processus de réconciliation entre l'Allemagne et la Pologne s'inspirait du processus franco-allemand de réconciliation, même s'il était autrement plus difficile. Que les trois ministres des Affaires étrangères de nos trois pays aient convenu en 1991 de se constituer en un cercle informel d'échange, le « Triangle de Weimar », ce fut un bonheur pour nos pays et pour l'Europe, qui ne peut progresser sur la voie de l'intégration sans réconciliation et sans coopération.

Beaucoup de choses ont été déjà dites sur le « Triangle de Weimar », des choses, justes, importantes, positives. Qu'il me soit permis d'en faire une approche critique. Qu'est-ce que le « Triangle de Weimar » ?

- Ce fut tout d'abord un instrument efficace de lobbying capable de promouvoir l'entrée de la Pologne dans l'OTAN – ce fut chose faite en 1999 – et dans l'Union européenne – elle eut lieu en 2004. On a sans doute sous-estimé dans l'affaire que, pour la Pologne, la chronologie est plus qu'une simple succession d'événements, elle va dans le sens de la logique de sa politique de défense et de sécurité. Ce n'est pas l'Union européenne mais l'OTAN qui lui garantit la sécurité recherchée dans le monde et en premier, par rapport à la Russie.
- Le « Triangle de Weimar » est aussi, pour reprendre une formule du politologue franco-allemand Hans Stark une « mesure capable de construire la

confiance entre Paris, Bonn et Varsovie ». Une nouvelle Ostpolitik allemande poursuivant le but d'intégrer dans la Communauté européenne les Etats de l'Europe de l'Est qui venaient de recouvrer leur liberté, n'avait de chance de réussir que si la France faisait confiance à l'Allemagne et acceptait de la suivre sur cette voie.

– Mais le « Triangle de Weimar » devait aussi avoir pour effet, comme l'a dit un jour B. Geremek, que la Pologne ne soit pas « livrée » seule à l'Allemagne !
– Le succès du « Triangle de Weimar » est enfin lié à sa structuration informelle, c'est « un lieu du possible », selon la formule de H.-D. Genscher, un lieu où l'on consulte, où l'on s'informe mutuellement ; on n'est pas obligé de décider et c'est ainsi que l'on arrive à faire plus.

Depuis la crise profonde qu'a provoquée la Guerre d'Irak en 2003, on pouvait pourtant se demander si cette façon informelle de faire de la politique n'était pas dépassée. Après tout, le « Triangle de Weimar » avait atteint ses objectifs, il n'était donc plus utile. De plus, il n'avait pas empêché que dans la Guerre d'Irak, la France et l'Allemagne se soient retrouvées dans un camp, avec la Russie, et la Pologne, dans un autre, avec les USA. Une évolution semblable se profile à l'horizon quand il s'agit de savoir si la Géorgie doit faire partie de l'OTAN et si l'Ukraine doit entrer dans l'Union européenne, quand il s'agit de savoir s'il faut installer un bouclier anti-missiles en Pologne et en République tchèque. Est-ce que l'Allemagne et la France n'ont rien appris de la Pologne et est-ce que la Pologne n'a rien appris de l'Allemagne et de la France ? Quand il y va des intérêts nationaux, aucun dialogue informel ne semble suffisant ! Et pourtant, dans cette période d'après-Guerre froide que nous vivons nous ne devrions pas avoir oublié les leçons de la Détente, à savoir qu'il n'y a jamais de sécurité contre ses adversaires potentiels, mais seulement avec eux. Toute politique de sécurité doit, sans angélisme évidemment, penser le besoin de sécurité de l'autre. Sur ces bases, il est possible que le « Triangle de Weimar » ait encore un sens s'il conduit ou même s'il force la France, l'Allemagne et la Pologne à parler entre elles pour que le dialogue avec la Russie ne soit pas interrompu. Sur le mode du Traité de l'Elysée entre la France et l'Allemagne. C'est cela même qui a conduit Dieter Bingen, directeur de l'Institut d'Etudes polonaises de Darmstadt, à souhaiter que les relations germano-polonaises prennent pour modèle les relations franco-allemandes telles que les régulent le Traité de l'Elysée. Ce ne sont pas les sujets qui manquent pour des consultations communes et de nouvelles initiatives ? Il suffit de penser au traité simplifié de Lisbonne, à la politique énergétique européenne, à une politique culturelle extérieure commune, etc.

Quand les temps sont difficiles, ce n'est pas toujours le niveau le plus élevé qui importe, d'autres niveaux comptent. Comme le Traité de l'Elysée, le « Triangle de Weimar » a défini le cadre à partir duquel il est possible de développer et de multiplier les contacts à des niveaux moins élevés : entre jeunes, entre cercles d'entrepreneurs, entre Régions, etc. C'est, entre autres, le grand mérite du *Comité pour la promotion de la coopération franco-germano-polonaise* fondé par Klaus-Heinrich Standke.

Pour conclure, qu'il me soit permis de rappeler la mémoire de Bronislaw Geremek et de le remercier pour le message qu'il nous a laissé quand il nous dit que, lorsque la sécurité de l'Europe est garantie, il ne faut pas s'arrêter de se battre pour la démocratie et de fournir aux citoyens à qui on l'a promis, le bien-être attendu. B. Geremek avait une façon à la fois aimable et insistante d'en revenir toujours à l'essentiel. Sa voix à l'avenir nous manquera.

Ernst WEISENFELD
1913-2009

Né le 21 août 1913 à Gevelsberg, Ernst Weisenfeld est décédé le 4 janvier 2009 à Hambourg, dans sa quatre-vingt-quinzième année. C'est un siècle d'histoire européenne et plus particulièrement franco-allemande qu'il a vécu et accompagné de ses commentaires et réflexions. Après des études d'histoire, de sciences de l'Etat et de journalisme à Munich et Berlin ainsi qu'après des études roumaines à Berlin, il présente en 1938 une thèse de doctorat consacrée à *l'Histoire de la publicistique chez les Saxons de Transylvanie* (en allemand : Siebenbürgen), ce qui explique son premier engagement à Bucarest comme correspondant de presse. Après la guerre, il devient correspondant à Paris du NWDR qui se transforme bientôt en WDR, en même temps qu'il travaille pour la *Westdeutsche Allgemeine Zeitung* et pour *Die Welt*. En 1961, il est appelé à monter puis à diriger le studio à Bonn de la première chaîne allemande de télévision, ARD, dont la centrale est à Hambourg. Il y travaille jusqu'en 1964, année qui le ramène à Paris pour près de dix ans. Il est alors correspondant parisien du WDR et du NDR en même temps que *Die Zeit*. Ceux qui se rappellent ses reportages, ont sûrement encore présent à l'esprit une voix légèrement sourde et eraillée, un débit, lent, et un style, celui de l'explication compréhensive de la France aux Allemands. C'est que E. Weisenfeld n'a cessé d'être un passeur entre les pays, ayant autant en France le souci de faire comprendre l'Allemagne aux Français. Les livres qu'il a rédigés en sont un vibrant témoignage : *De Gaulle sieht Europa* (1966), *Geschichte Frankreichs seit dem Krieg* (1980), *Charles de Gaulle. Der Magier im Elysée* (1990) et puis ce livre au titre qui est tout un programme parce qu'il interpelle la France et les Français sur leurs peurs avouées mais aussi sur leurs inconstances face à l'Allemagne et à ce qu'elle devrait être à leurs yeux : *Welches Deutschland soll es sein ? Frankreich und die deutsche Einheit seit 1945* (1986, édition française: *Quelle Allemagne pour la France ?* A. Colin 1989). Quelle Allemagne voulez-vous donc ? C'est comme un rappel de la revendication formulée après la guerre dans la revue *Esprit* par Joseph Rovan : « l'Allemagne sera l'Allemagne de nos mérites ! »

Du début des années 1980 à 1993, E. Weisenfeld a dirigé et modernisé la revue allemande partenaire de *Documents* en France, *Dokumente*, qui avait pour objectif de faire comprendre la France en Allemagne à partir de documents authentiques, d'études et d'analyses autant scientifiques que journalistiques. En 1992, il a créé une fondation pour la promotion de la langue et la culture allemandes en Roumanie, en mémoire à sa première femme, d'origine roumaine. Il devint ainsi le patron d'un foyer d'élèves de l'Eglise protestante à Hermannstadt (Sibiu).

Ernst Weisenfeld était un homme dont tout le monde s'accordait à dire qu'il avait de la classe ; son style sobre, dénué d'artifices, allant, en peu de mots, droit au but s'inscrivait dans la tradition allemande d'après-guerre mais il avait aussi sa signature personnelle qui a marqué des générations de journalistes de radio et télévision. Sobre, il était pourtant aussi chaleureux et engagé, en faveur de la réconciliation et de la coopération franco-allemande au service de la construction de l'Europe. Pour lui, l'Allemagne et la France étaient ses deux patries.

– Ingo KOLBOOM et Jérôme VAILLANT –

Brigitte Lestrade

Actualité sociale
janvier 2009

L'actualité des derniers mois de l'année 2008 et du début de la nouvelle année a été dominée par la crise économique et financière. Après avoir pensé pendant longtemps être à l'abri de la tourmente qui secoue la plupart des pays du monde – une conviction étayée par les bons chiffres du chômage –, l'Allemagne s'est enfin décidée à prendre des mesures pour soutenir les banques, les entreprises et les particuliers. Accusé de tergiversations, le gouvernement a pris des mesures énergiques, se situant parmi les pays européens qui lancent les plans de relance les plus importants. Les autres sujets qui ont marqué l'actualité sociale, l'élection d'un Germano-turc à la tête bicéphale du parti des Verts, la réforme de la fiscalité des nourrices du secteur public ou encore l'accord dans la métallurgie avant même que les grèves aient réellement commencé, paraissent mineurs par rapport à la crise qui secoue l'Allemagne. La seule nouvelle qui a réellement mis du baume au cœur des Allemands est le rétablissement de la *Pendlerpauschale*, une mesure qu'ils attendaient avec impatience.

La crise rattrape l'Allemagne

La crise financière et économique, qui s'est durement abattue sur bon nombre de pays européens, dont l'Irlande et l'Espagne, semblait avoir relativement épargné l'Allemagne, du moins jusqu'à la fin de l'année 2008. A l'étonnement de tous, le nombre de chômeurs avait continué à régresser – en octobre, il est même passé sous la barre des trois millions –, la consommation et l'exportation se maintenaient et les Allemands faisaient montre d'une certaine confiance, estimant qu'en l'absence de bulle immobilière, ils étaient plus à l'abri de la crise que d'autres. Cette belle confiance a volé en éclats en janvier 2009, avec l'annonce d'une série de mauvaises nouvelles qui démontrent que la plus grande économie de la zone euro n'est pas le rempart contre la crise que d'aucuns s'imaginaient. Pour la première fois depuis trois ans, le chômage s'est accru ; il a augmenté de 116 000 personnes pendant le seul mois de décembre, lui faisant à nouveau passer la barre des 3 millions. De nombreux intérimaires ont perdu leur emploi, notamment dans l'industrie automobile sinistrée, et des annonces de mise au chômage technique se sont multipliées ces dernières semaines. D'après un sondage publié dans l'hebdomadaire *Der Spiegel* de fin décembre, 18 % des Allemands craignent de perdre leur emploi en 2009. Le président de l'Office fédéral du travail, Jürgen Weise, s'attend à une détérioration considérable du marché de l'emploi, avec une hausse de 600 000 chômeurs au moins.

Autre mauvaise nouvelle : les exportations ont diminué de plus de 10 %, conduisant à un recul de la balance commerciale qui a fondu en novembre 2008 pour s'établir à 9,7 milliards d'euros, après 16,4 milliards en octobre. Il est vrai que la crise frappe tous ses marchés : l'Europe, les Etats-Unis, et même les pays émergents, notamment la Chine. La Fédération des exportateurs allemands a annoncé en décembre 2008 qu'elle prévoyait une baisse du montant des exportations en 2009 ; ce serait la première depuis quinze ans. Ce pronostic est confirmé par les attentes des entreprises qui sont nombreuses à envisager un recul important de la production et du chiffre d'affaires en 2009, notamment dans l'industrie automobile et la chimie.

L'Allemagne, fière du rétablissement de son équilibre budgétaire, s'est longtemps refusée à envisager des mesures de relance de l'économie, estimant qu'elle ne voyait pas pourquoi elle payerait pour les erreurs des autres pays européens. Devant la détérioration rapide et brutale de sa situation économique et financière, elle est toutefois obligée d'agir. Début janvier, la Chancelière Angela Merkel a admis qu'il n'y avait pas d'autres possibilités pour relancer l'économie que de faire des dettes. C'est pourquoi Berlin a décidé, le 13 janvier, d'adopter un deuxième plan de relance de 50 milliards d'euros pour éviter que le pays ne sombre dans la dépression. Les mesures envisagées se déclinent selon deux axes. Le premier, intitulé le « grand pacte pour l'investissement » et fort de 18 milliards d'euros, est consacré à l'éducation, la formation et des projets d'infrastructure dans les communes. Le deuxième volet, d'un montant équivalent, porte sur des baisses d'impôts et de cotisations – réclamées depuis longtemps par la CSU, sœur bavaroise de la CDU –, pour les particuliers et les entreprises. Il prévoit un allègement du taux d'imposition pour les seuls revenus les moins élevés – concession aux sociaux-démocrates –, une prime exceptionnelle de 100 euros par enfant et une baisse de la cotisation aux assurances maladie. Des aides à l'industrie automobile sont également prévues, où Berlin, à l'instar de Paris, introduit une prime à la casse pour encourager l'achat de voitures propres. L'Allemagne devrait en outre adopter un plan de sauvetage des entreprises, doté de 100 milliards d'euros, pour leur permettre, à l'instar de celui accordé aux banques, de trouver plus facilement des financements. En même temps, le gouvernement a pris une participation de 25 % dans la Commerzbank, la deuxième banque du pays, pour la protéger de la crise financière, une mesure qu'il ne souhaite pas prendre pour sauver des entreprises en perdition. Les 600 000 chômeurs supplémentaires envisagés pour fin 2009 s'inscrivent dans un scénario d'un recul du PIB de 0,5 %. Or, les projections s'assombrissent de jour en jour : la Deutsche Bank n'exclut plus une chute du PIB de 4 %, une catastrophe que l'Allemagne n'a pas connue depuis la fin de la Seconde guerre mondiale.

Rétablissement de la *Pendlerpauschale*

Depuis le 1er janvier 2007, la déduction du revenu imposable liée au déplacement des salariés pour aller travailler (*Pendlerpauschale*), une mesure qui permettait aux salariés de déduire de leur revenu imposable 30 centimes par kilomètre de trajet domicile/entreprise, avait été réduite pour ne plus s'appliquer qu'à partir du 21e kilomètre de distance. Le gouvernement avait justifié cette mesure par la nécessité d'assainir les finances publiques. De cette manière, le déplacement pour les salariés habitant à moins de 20 km était totalement privatisé, les obligeant à payer le trajet complètement de leur poche. Suite à plusieurs plaintes de particuliers s'estimant lésés, l'affaire a été portée devant le Tribunal constitutionnel, qui a tranché en faveur des plaignants. Cette décision, intervenue en décembre 2008, a mis un peu de baume au cœur des Allemands qui craignent les effets de la crise financière sur leur situation professionnelle et financière.

La suppression de la *Pendlerpauschale* avait été particulièrement mal perçue par les Allemands, car il s'agit en l'occurrence d'une déduction fiscale qui s'applique à un très grand nombre de contribuables, pratiquement tous les salariés. Cette déduction, en principe d'un montant maximal de 4500 € – plus si le salarié utilise son véhicule personnel – s'applique en effet indépendamment du moyen de transport utilisé : qu'il prenne le bus, la moto, le vélo ou qu'il utilise le covoiturage, il peut faire valoir 30 centimes de déduction dès le premier kilomètre, la seule exception étant l'avion. En cas de covoiturage, tous y ont droit, le conducteur aussi bien que tous les passagers du véhicule. Pour les couples mariés qui utilisent le même véhicule pour se rendre au travail, la *Pendlerpauschale* s'applique à tous les deux. La suppression partielle de cet avantage a lourdement pesé sur les finances de ceux dont le lieu de travail est très éloigné et qui étaient, du coup, doublement pénalisés.

Les juges du Tribunal constitutionnel avaient critiqué notamment la justification insuffisante de la mesure, la consolidation budgétaire n'étant pas, à leur avis, une raison valable. En plus, cette mesure, considérée comme arbitraire, n'avait pas pris en compte le principe d'équité qui commande une charge fiscale en rapport avec les capacités financières des contribuables. La différenciation entre déplacements de moins ou de plus de 20 km n'avait pas été considérée comme pertinente par les juges. La loi ayant été révoquée, les particuliers peuvent s'attendre à une restitution du trop-perçu par l'Etat. Le gouvernement s'efforce de voir le bon côté de l'affaire. Il considère que le remboursement du trop-perçu représente une contribution à la promotion de la consommation, et constitue de ce fait un soutien à la conjoncture. Pour cette raison, personne ne s'attend à une nouvelle tentative de réforme de la *Pendlerpauschale*, du moins pas avant les élections fédérales de septembre 2009. Le Tribunal constitutionnel n'a pas interdit en principe au gouvernement de procéder à une nouvelle réglementation en la matière. Il exige toutefois qu'une éventuelle nouvelle version de la *Pendlerpauschale* soit cohérente et tienne compte des cas particuliers difficiles. Reste donc à voir si, en 2010, le gouvernement fait une nouvelle tentative pour limiter la déduction liée au déplacement, avec, cette fois, une justification valable, ou s'il rogne ailleurs.

Un Germano-turc à la tête des Verts

Le 15 décembre 2008, le parti des Verts, réuni en congrès à Erfurt, a élu à sa tête le député européen Cem Özdemir. Il a rejoint Claudia Roth à la direction bicéphale du parti écologiste, où il a pris la succession de Reinhard Bütikofer. L'élection de ce fils d'immigrés turcs, né dans le Bade-Wurtemberg, a une forte portée symbolique, car c'est la première fois qu'une personnalité d'origine étrangère accède à la présidence d'un parti allemand. S'inspirant de l'exemple de Barack Obama, auquel certains Allemands n'hésitent pas à le comparer, il a fait sien son slogan « Yes we can » en le transformant à peine en « Yes we Cem ». Entré au Bundestag en 1994, dix ans après sa naturalisation, il se réclame de la tendance « realo » du parti. A l'époque de la coalition rouge-verte du chancelier Gerhard Schröder, Cem Özdemir s'y est occupé des questions d'immigration.

Educateur spécialisé de formation, parfaitement bilingue, sa carrière politique a connu des hauts et des bas. En 2002, huit ans après son entrée remarquée au Bundestag, il fut accusé d'avoir utilisé, à titre personnel, des « Miles » acquis au titre de ses déplacements professionnels et d'avoir accepté un prêt accordé par un lobbyiste, deux faits ennuyeux pour le parti des Verts. C. Özdemir accepta d'abandonner son mandat de député, ce qui assainit la situation. Deux ans plus tard, les Verts le proposèrent comme candidat au Parlement Européen, où il fut élu en 2004. Si son positionnement de défenseur du plus important groupe d'immigrés en Allemagne lui vaut d'être davantage considéré comme le symbole d'une intégration réussie qu'en tant que porteur d'un véritable projet politique, personne ne lui conteste ses qualités d'homme politique : son charisme, son pragmatisme et son aisance dans le débat. A quelques mois des législatives de septembre 2009, les Verts ont besoin de tous les talents pour retrouver des couleurs.

Dans l'opposition depuis 2005, suite à la victoire des chrétiens-démocrates et l'avènement de la grande coalition, les Verts représentent désormais le plus petit groupe parlementaire au Bundestag. Crédités d'environ 7 % d'intentions de vote au début de l'année 2009, les Verts stagnent dans les sondages et se font voler la vedette par Guido Westerwelle (FDP) et par Oskar Lafontaine (Die Linke). Leur allié traditionnel, le parti social-démocrate, n'ayant également pas la faveur des sondages, les perspectives d'un retour au pouvoir paraissent minces. C. Özdemir saura-t-il faire oublier Joschka Fischer, vice-chancelier vert de l'ère Schröder ? Des doutes sont permis, d'autant plus qu'il n'est pas seul à la tête du parti, mais qu'il le co-préside avec Claudia Roth, reconduite dans ses fonctions, qui ne manque pas de bagout.

Accord patronat-syndicat dans la métallurgie

La crise financière et économique a également marqué de son empreinte les négociations salariales dans le secteur de la métallurgie. Le syndicat IG Metall, estimant que les salariés s'étaient serré la ceinture pendant des années, avait réclamé 8 % d'augmentation sur un an, sa revendication la plus élevée depuis seize ans. L'organisation patronale Gesamtmetall, de son côté, avait proposé 2,1 %, seule une augmentation modérée lui paraissant raisonnable dans le contexte économique actuel. L'accord signé le 12 novembre 2008 avec une hausse des salaires de 4,2 % sur 18 mois coupe la poire en deux. Il illustre une nouvelle fois que la cogestion à l'allemande fonctionne toujours, même dans un environnement économique fortement dégradé. Les partenaires sociaux se sont entendus sur deux hausses de salaire, la première, de 2,1 % au 1er février 2009, la seconde, également de 2,1 %, au 1er mai 2009. Cette dernière hausse peut être repoussée de sept mois par les entreprises qui le souhaitent. En outre est prévu le versement d'une prime unique de 510 € fin décembre 2008 ou dans les premiers mois de l'année 2009, ainsi qu'une prime supplémentaire de 122 €, celle-ci étant toutefois réservée aux seules entreprises susceptibles de la payer.

Les deux camps ont évité de justesse une grève illimitée, IG Metall étant déterminé à se battre pour obtenir gain de cause. La semaine précédente, le syndicat avait déjà mobilisé plus d'un demi-million de participants à des grèves d'avertissement à travers tout le pays, en fait des mouvements de débrayage d'une heure ou plus organisés dans des entreprises choisies à cet effet. Le contexte économique national et international a toutefois sérieusement compliqué les négociations, de sorte que le résultat obtenu semble satisfaire les deux parties : IG Metall a sauvé la face. D'après Berthold Huber, son président, c'est « un résultat honorable dans une situation historiquement difficile ». Il n'est pas persuadé qu'une grève dure leur aurait permis d'atteindre un meilleur résultat. Du côté des employeurs, on affiche également une satisfaction mesurée, estimant que l'accord trouvé « donne plus d'argent aux salariés malgré la crise et laisse la possibilité aux entreprises d'être souples sur leurs coûts en 2009 », selon les propos de Jan Stefan Roell, qui a conduit les négociations côté employeurs dans le Land de Bade-Wurtemberg.

Cet accord-pilote, qui a valeur de test, est d'une importance capitale pour la métallurgie et pour l'ensemble du pays. Il concerne en effet environ 3,6 millions de salariés dans des branches aussi variées que l'automobile, l'électronique, l'électroménager, les machines-outils et les semi-conducteurs, des activités qui constituent la base industrielle de l'Allemagne. Les résultats obtenus par ce secteur donnent le ton pour l'évolution des salaires dans les autres branches de l'économie allemande. Les négociations sont par conséquent suivies avec une grande attention par l'ensemble des acteurs politiques et économiques.

La réforme de la fiscalité des nourrices : un revers pour la politique familiale

La politique familiale actuellement conduite par le gouvernement est destinée à améliorer la désastreuse situation démographique : avec un déficit de naissances depuis les années soixante-dix et un taux de fertilité de 1,34, l'Allemagne se situe dans le peloton de queue des pays industrialisés. Estimant, à l'instar de la France, mais plus tardivement, qu'une meilleure compatibilité entre le travail et la famille pour les femmes était un moyen susceptible d'inciter les jeunes familles à avoir un ou plusieurs enfants, le gouvernement a pris un certain nombre de mesures pour accroître les possibilités d'accueil de la petite enfance. Une des mesures était de faciliter le recours à une nourrice (*Tagesmutter*) qui garde les enfants pendant l'absence de la mère. Le gouvernement fédéral, les Länder et les communes se sont entendus sur un objectif ambitieux : d'ici 2013, 35 % des enfants d'un à trois ans doivent pouvoir trouver une place en crèche ou auprès d'une nourrice. 30 % environ des places d'accueil seront créées par les pouvoirs publics, c'est-à-dire auprès de nourrices agrées financées par le *Jugendamt*. Cette perspective risque toutefois de ne jamais se réaliser en raison de la réforme de la fiscalité entrée en vigueur au 1er janvier 2009 qui touche les nourrices du secteur public.

Jusqu'à présent, dans le cadre de l'accueil de la petite enfance financé par le *Jugendamt*, une nourrice percevait entre 2 et 3,50 € de l'heure par enfant. Les tarifs, différents selon les communes, sont inférieurs à ceux des nourrices du secteur privé (3,50 à 5,50 €). Les nourrices du secteur public avaient toutefois l'avantage que leur rémunération était considérée comme une simple indemnité de représentation (*Aufwandsentschädigung*), et comme telle exempte d'impôt sur le revenu. Souhaitant mettre les nourrices du secteur privé et public sur un pied d'égalité, le gouvernement a décidé d'aligner le public sur le privé. Désormais, les revenus des nourrices du secteur public – hormis une somme forfaitaire de 300 € – seront soumis à l'impôt dans le cadre d'une activité indépendante. Certaines d'entre elles, celles dont le revenu dépasse la limite de 355 € au-dessous de laquelle elles sont assurées par leur conjoint, seront de plus obligées de cotiser aux assurances sociales pour elles-mêmes. De nombreuses nourrices qui ont commencé à faire leurs comptes constatent que leur revenu, déjà peu élevé au départ, risque d'être amputé de telle sorte qu'elles envisagent de renoncer à leur activité professionnelle.

Pour percevoir le même revenu net qu'auparavant, les nourrices devraient se faire payer environ 5,50 € de l'heure par enfant. D'après la Fédération des villes et des communes (*Städte- und Gemeindebund*), l'accroissement de la charge financière pour les municipalités, dont dépendent les nourrices du secteur public, pourrait ainsi se situer entre un et deux milliards d'euros par an. Bon nombre de villes, à l'instar du *Jugendamt* de Nuremberg, ne voient aucune nécessité d'augmenter le salaire de leurs nourrices. Or, d'après l'association de nourrices de Nuremberg qui vient de voir le jour, presque la moitié des nourrices envisagent d'abandonner. Si cette situation est le reflet de ce qui se passe dans d'autres communes, il faudra que les communes revoient leur position, car la politique familiale de Mme von der Leyen implique une augmentation importante du nombre de nourrices. Si l'alignement du statut fiscal des nourrices du public sur celui des nourrices du privé est en soi une bonne chose, il ne faudrait pas que la réforme compromette le léger mieux qui se dessine sur le front de la démographie allemande.

Brigitte.Lestrade@u-cergy.fr

*Mathias Delori**

Les pères fondateurs de l'OFAJ croyaient-ils en leurs mythes ? [1]

C'est bien volontiers que nous publions cette étude réalisée à partir d'un questionnement original par un chercheur qui connaît bien l'OFAJ. Elle donne à réfléchir, sur le mode de l'approche scientifique et aussi sur un mode presque humoristique : croyons-nous nous mêmes aux mythes que nous engendrons ? Il reste que la démonstration, en soi séduisante, porte sur une période limitée et que celle-ci serait plus concluante si elle englobait l'ensemble des activités de l'OFAJ dans la durée, prenait donc en compte les quarante années et plus d'existence de l'OFAJ. Nous avons sollicité l'avis de Rudolf Herrmann, qui fut longtemps coordinateur allemand de l'OFAJ. Nous le reproduisaons en fin d'article.

– A. A. –

« *Si l'on n'accorde pas que la vie sociale a une structure symbolique, il n'y a aucun moyen de comprendre comment nous vivons, faisons des choses et projetons ces activités dans des idées, pas de moyen de comprendre comment la réalité peut devenir une idée* ». (Paul Ricoeur, *Idéologie et utopie*. Paris : Seuil, p. 25).

Le quarantième anniversaire de l'Office franco-allemand pour la jeunesse en 2003 et sa restructuration récente ont attiré l'attention des spécialistes des relations franco-allemandes sur cet organisme. Toutes ces publications ont permis d'apporter un regard neuf sur une institution centrale du rapprochement franco-allemand et pourtant peu connue du grand public [2]. Nous voudrions dans ces pages apporter notre contribution à cette entreprise collective de multiplication des regards sur l'OFAJ en portant un coup de projecteur sur ce qui nous semble être un point aveugle de cette littérature : le projet intellectuel des pères fondateurs [3].

L'OFAJ fut créé en 1963 lors de la signature par de Gaulle et Adenauer du traité de l'Elysée. Il n'avait alors pas grand-chose à voir avec la modeste administration que seuls les observateurs attentifs des relations franco-allemandes ou les lecteurs de cette revue connaissent aujourd'hui. Un coup d'œil sur l'origine de cet organisme révèle en effet qu'un curieux volontarisme présida à sa création. L'objectif affiché en 1963 n'était pas trivial : il s'agissait de mettre fin, par la multiplication

* M. Delori. Max Weber Research Fellow, European University Institute, San Domenico, Italie.

sur une large échelle des rencontres de jeunes, au vieil antagonisme franco-allemand. Cette orientation fut exprimée de manière imagée par Joseph Rovan, un personnage qui joua un rôle important dans cette histoire : l'Office franco-allemand pour la jeunesse devait permettre « *la plus grande migration des peuples jamais organisée en temps de paix par des moyens et avec des intentions pacifiques* » [4]. Ce projet doit être pris au sérieux. L'Office lança au cours des années 1960 des enquêtes visant à mesurer en termes de changement des mentalités au niveau des deux populations. L'OFAJ eut par ailleurs les moyens de cette politique. On le dota d'un statut juridique calqué sur celui des organismes spécialisés des Nations Unies. Au cours des années 1960, son budget resta dix fois supérieur à celui consacré par chaque gouvernement pour les rencontres de jeunes avec les autres pays. Cette « manne financière » lui permit de subventionner, au cours de cet « âge d'or » des années 1960, la rencontre de plus de 200 000 jeunes chaque année. Ce principe d'action des échanges de masse fut abandonné au début des années 1970.

Il est intéressant de s'arrêter sur les prémisses intellectuelles qui semblent avoir porté cette action publique dans sa version originelle, c'est-à-dire jusqu'au début des années 1970. Même si le budget alloué à cet organisme était relativement important, la politique de mise en relation d'un maximum de jeunes impliquait des séjours de courte durée (quelques jours au maximum). Les pères fondateurs de l'Office pensaient-ils vraiment que des rencontres de quelques jours « à la lumière des feux de camps et au son de la guitare » permettraient un changement des mentalités ? Pensaient-ils vraiment, pour reprendre une expression d'une ministre fédérale allemande de la jeunesse de l'époque, que « *les préjugés peuvent être surmontés le plus simplement par une expérience propre et des contacts personnels* [de courte durée] » [5] ? La question peut sembler empreinte d'anachronisme dans la mesure où l'on sait, aujourd'hui, que l'OFAJ n'a jamais pu apporter la preuve que ce type d'échanges contribue à une meilleure compréhension réciproque. Un simple coup d'œil sur l'histoire nous enseigne toutefois que cette foi hypothétique dans les vertus des rencontres de courte durée était au minimum optimiste dans le contexte de l'époque. On se demandait alors si les structures de socialisation de l'Allemagne nazie avaient réussi, en plus de 10 ans, à imprimer une marque durable sur une génération d'Allemands. Les pères fondateurs pensaient-ils vraiment qu'un instrument de socialisation aussi modeste que l'OFAJ parviendrait à changer le cours de l'histoire ?

La question peut sembler étroite. Elle va en réalité nous permettre de dévoiler un phénomène plus général sur la place des croyances irrationnelles en politique. Une épaisse littérature journalistique tend à mettre en cause le postulat selon lequel les hommes et les femmes politiques croient aux grands récits qu'ils énoncent. La politique est fréquemment dépeinte comme la sphère de la « représentation », dans tous les sens du terme : elle s'apparenterait à un vaste théâtre où les « acteurs » manipuleraient des formules rhétoriques déconnectées de leurs préoccupations réelles (se faire réélire, légitimer un instrument de politique publique, etc). Cette dimension « spectaculaire » existe vraisemblablement. On peut toutefois prouver que l'action publique en général, et celle-ci en particulier, ne se résument pas à cette dimension théâtrale. Nous voudrions montrer, à partir du cas de l'OFAJ, que les hommes politiques sont des acteurs d'un type bien particulier : ils « *croient en leurs mythes* » [6]. Pour ce faire, nous revenons dans une courte première partie sur les postulats épistémologiques et méthodologiques embarqués dans notre question : en quoi sommes-nous fondés à classer les discours sur une échelle allant de la pensée rationnelle à la pensée mythique ? Nous montrons ensuite que les idées fondatrices de l'OFAJ, en particulier cette foi dans les échanges de courte durée, penchaient du côté de la pensée symbolique. Nous nous appuyons enfin sur les outils théoriques de l'approche dite « cognitive » de l'analyse des politiques publiques pour exposer la thèse d'après laquelle les acteurs croyaient effectivement en leurs mythes.

La notion de mythe comme croyance non scientifique propre à une époque donnée

Il importe, avant d'entrer dans le vif du sujet, de préciser ce dont il est question ici. La notion de mythe fut tellement utilisée dans les sciences sociales qu'elle donne lieu à beaucoup d'équivoques. Elle sera entendue, avec R. Barthes, comme une pensée qui « *n'a pas la vérité pour sanction* » [7]. R. Girardet précise, dans la même veine, que « *c'est dans toute son autonomie que s'impose le mythe, se constituant lui-même en un système de croyances cohérent et complet. Il ne se réclame plus, dans ces conditions, d'aucune autre légitimité que celle de sa simple affirmation, d'aucune autre logique que celle de son libre développement* » [8]. La définition peut sembler triviale. Nous opposons en effet volontiers intuitivement un mode de pensée dit « rationnel » à l'univers des croyances ou des mythes. Il importe pourtant de commenter cette distinction entre pensée rationnelle et pensée mythique car elle pose un certain nombre de problèmes épistémologiques et méthodologiques.

La science politique ne fait généralement pas du rapport des idées au monde réel une catégorie pertinente d'analyse. Les courants d'analyse qui prennent au sérieux les croyances et les représentations semblent réticents à vouloir faire de leur « rapport au réel » un élément pertinent de leurs classifications. Les notions de « système de croyances » [9], de « référentiels » [10] ou encore de « paradigmes » [11] englobent indistinctement les expertises les plus scientifiques et la pensée mythique. Cette approche « dé-constructiviste » présente bien des avantages. Elle permet notamment au chercheur de conserver une forme de « neutralité axiologique », de ne pas labelliser lui-même la nature des objets qu'il manipule.

On dispose pourtant d'un moyen relativement simple permettant de déterminer la « rationalité » des croyances et des représentations des acteurs. Il suffit d'observer le mode de *construction* – plus ou moins scientifique – de ces croyances et de ces représentations. Ce regard sur le monde des idées fonde par exemple la distinction, proposée par P. Ricoeur, entre l'histoire et la mémoire : si toutes deux relèvent de la même problématique de la « représentation du passé », seule la première pose de manière méthodologique et scientifique la question de son rapport à l'objet [12]. Les chercheurs en sciences sociales n'ont aucun mal à considérer que le savoir qu'ils produisent relève d'une autre logique que la « sociologie spontanée ». Nous proposons de généraliser cet argument : les actions publiques construites sur la base d'une expertise scientifique ne sont pas de même nature que celles uniquement traversées par la pensée sociale.

Il importe alors de souligner que ces deux pôles, la science et le mythe, ne sont que des idéal-types wébériens ; on ne les trouve pas à l'état pur dans la réalité. La science politique a depuis longtemps mis en évidence que les experts occupent une place croissante dans les processus d'élaboration des politiques publiques. Mais comme l'écrit Pascal Vennesson, la montée en puissance de l'expertise ne produit pas nécessairement au détriment des formes de pensée irrationnelles : « *Vladimir Jirinovski est convaincu qu'il existe réellement un complot occidental visant à affaiblir la Russie. Au Moyen Orient, la croyance en une myriade de conspirations, toujours occultes et malfaisantes, est fortement ancrée parmi les populations et les décideurs. Un bref retour historique montre que le mythe de la conspiration n'est pas absent au sein des sociétés industrielles, qu'il s'agisse des '200 familles' qui gouvernent la France, ou plus généralement du complot* » [13]. Le projet intellectuel de l'OFAJ ne pourra être qualifié de « mythique » que dans la mesure où il fut davantage influencé, dans sa *construction*, par des formes de pensée irrationnelles que scientifiques.

Précisons enfin – même si cette idée est pour ainsi dire incluse dans la notion de « construction » – que le diagnostic sur le rapport au réel de l'action publique étudiée doit être historicisé. L'affirmation d'après laquelle « *les préjugés peuvent être surmontés le plus simplement par une expérience propre et des contacts personnels* » nous semble quelque peu naïve aujourd'hui. Divers travaux scientifiques ont en effet solidement établi que les contacts entre les populations, les séjours à l'étranger, les rencontres, etc. ne conduisent pas de manière aussi simple, voire en aucun cas, à une meilleure compréhension réciproque. Non seulement les préjugés et les stéréotypes négatifs ne disparaissent pas suite à ces rencontres mais ils auraient plutôt tendance à se renforcer [14]. Il importe cependant d'éviter tout anachronisme. Nous ne cherchons pas à caractériser le « rapport au réel » des discours fondateurs de l'OFAJ d'une manière générale mais dans leur contexte d'élaboration.

Ces quelques remarques invitent à se poser la question suivante : les acteurs avaient-ils, *à l'époque*, quelques raisons rationnelles ou *scientifiques* de croire que la mise en relation pendant quelques jours d'un maximum de jeunes Français et Allemands aboutirait à la disparition des préjugés ?

L'OFAJ et le mythe de « l'internationale de la jeunesse »

Les sciences sociales n'ont pas attendu la création de l'OFAJ pour s'interroger sur les effets des échanges internationaux sur les mentalités. La question avait été indirectement posée au lendemain de la guerre par le politiste K. Deutsch dans ses travaux sur les « communautés de sécurité », ces zones géographiques comme l'alliance USA/Royaume Uni où l'intégration induite par les réseaux de communication est si grande que l'hypothèse d'une guerre ne se pose même plus [15]. Du fait de son approche très béhavioriste, K. Deutsch ne faisait pas des stéréotypes et des préjugés réciproques un indicateur de ce qu'il appelait le « *we-feeling* », ce sentiment identitaire commun interdisant le recours à la force pour la gestion des conflits [16]. Sa thèse principale allait toutefois dans le sens de l'optimisme des pères fondateurs de l'OFAJ : les flux et les échanges de tous types entre les individus (commerce, tourisme, migrations, échanges culturels, liaisons téléphoniques etc.) étaient censés renforcer l'intégration entre les Nations et rendre d'autant plus improbable le recours à la guerre. L'OFAJ est-il issu de ce savoir scientifique optimiste quant aux effets de la communication sur les relations entre les êtres humains ?

Des travaux centrés sur la question plus précise des effets de ces flux et de ces contacts sur la représentation de l'autre existaient cependant à la même époque qui avaient établi la conclusion dégrisante qui nous est familière aujourd'hui. En 1955,

Alexander Rüstow [17] alerta par exemple les pouvoirs publics, à l'occasion d'une conférence organisée par le DAAD, sur les 'dangers des échanges internationaux'. On a de bonnes raisons de penser que ces recherches étaient connues par les acteurs politico-administratifs qui portèrent le projet d'Office franco-allemand pour la jeunesse. On peut citer à cet égard une enquête approfondie, commandée en 1954 par le ministère français des Affaires étrangères, sur l'image des Français en Allemagne. Les auteurs de cette expertise observèrent, sans grande surprise, l'importance des stéréotypes et des préjugés dans la représentation que les Allemands se faisaient de leurs voisins. Les enquêteurs disposaient par ailleurs de données sur les contacts (ou l'absence de contact) des interviewés avec des Français. Ils croisèrent donc les deux variables et observèrent que les contacts entre populations ne favorisent pas la compréhension réciproque : « *une des vérifications les plus importantes apportée par ce sondage est la constatation de la faible mesure dans laquelle les opinions exprimées sur la France dépendent de la nature des connaissances de fait acquises sur ce pays* » [18]. Cette enquête fut largement discutée à l'intérieur des cercles ministériels et administratifs.

Ce point signifie, si l'on excepte une hypothétique influence de Karl Deutsch, que les pères fondateurs de l'OFAJ ne puisèrent pas dans le « forum scientifique » [19] leur croyance dans les vertus des rencontres interpersonnelles de courte durée. Les racines du projet intellectuel de l'OFAJ doivent plutôt être recherchées dans l'univers de la fiction, dans la pensée mythique. L'analyse révèle qu'une croyance particulière joua un rôle décisif dans la construction sociale du projet de multiplication des rencontres de courte durée : le mythe de l'internationale de la jeunesse. Cette représentation enchantée de la jeunesse affirmait qu'il suffisait de multiplier les contacts rapides entre un maximum de jeunes Français et de jeunes Allemands car ceux-ci ne sont de toute façon pas porteurs des préjugés nationalistes de leurs aînés. Cette croyance d'inspiration jeuniste présentait les jeunes comme des individus asocialisés et naturellement portés vers les bons sentiments. Les jeunes étant déjà pratiquement réconciliés, des contacts de quelques jours sur une large échelle devaient suffire pour obtenir un changement des mentalités. On retrouve cette idée dans tous les discours de l'époque et dans le titre d'un film produit par l'OFAJ quelques années plus tard : « *Deux pays, une jeunesse* » [20].

Il s'agissait bien d'un mythe au sens défini plus haut dans la mesure où aucune théorie scientifique ne fut jamais convoquée pour l'étayer. L'analyste des politiques publiques habitué à découvrir le poids des experts dans les processus d'élaboration des politiques publiques ne peut en effet qu'être frappé, à la lecture des archives sur la création de l'OFAJ, par le faible rôle joué par les spécialistes dans cette histoire. Indépendamment des travaux de sciences sociales mentionnés plus haut, un certain nombre d'associations privées disposaient d'une expérience pratique en matière d'échanges internationaux de jeunes. Certaines mirent en garde les gouvernements contre l'aporie pédagogique du principe des échanges de masse de courte durée [21]. Elles ne furent pas écoutées. Le principe d'action des échanges de masse semble avoir été adopté rapidement, entre janvier et juillet 1963, sans que personne ne se soit manifestement interrogé sur sa faisabilité pratique. Plus précisément, la question de la « faisabilité » [22] du projet fut réglée en référence à ces formules : « *Les jeunes savent bien comment on fraternise* » [23] ; « *les jeunes veulent se rencontrer pour se connaître, pour se juger avec réalisme et sans préjugés, pour voir quel chemin ils peuvent faire ensemble* » [24].

Cette idée d'après laquelle la jeunesse constituerait une terre vierge sur laquelle on pourrait bâtir un monde meilleur imposait une représentation de la jeunesse parmi d'autres possibles. Nous pensons par exemple à la figure du « jeune comme trouble à l'ordre public ». Cette image se situe à mille lieux de celle des jeunes de l'OFAJ. Elle est pourtant contemporaine de cette action publique. On sait l'importance, de nos jours, de la représentation (négative) du « jeune des banlieues » dans le discours médiatique et l'action publique. Dans une étude très intéressante sur la permanence des discours sociaux et politiques sur la jeunesse, Chris Warne montre que cette image occupait déjà une place importante dans les discours publics au début des années 1960 au travers du phénomène transnational et franco-allemand des « blousons noirs/Halbstarken » [25]. Des « blousons noirs » à nos « jeunes des banlieues » en passant par les « hippies », les « gauchistes » et autres « zoulous », un même discours social sur la jeunesse – dont l'idéal-type serait un jeune homme aux mœurs anomiques, violent et grégaire – traverse la deuxième moitié du XXe siècle. Quelques semaines avant la création de l'OFAJ, la France et la RFA signèrent un accord pour organiser le rapatriement de ces jeunes à problèmes. De cette jeunesse il ne fut dans un premier temps jamais question à l'OFAJ.

Nous signalons ces deux images – le mythe de l'internationale de la jeunesse et celui-du « jeune à problème » – pour signaler un phénomène plus général : notre regard sur la jeunesse est embué par ce que Bourdieu a appelé des « *catégories de perception que nous recevons du monde social [...] [et qui sont] comme une sorte d'écran entre nous-mêmes et la réalité* » [26]. Un nombre fini de discours sociaux sur la jeunesse flottent dans la pensée sociale [27]. Les acteurs semblent être allés piocher celui qui correspondait le plus à leur intérêt du moment.

Peut-on préciser l'origine du mythe de l'internationale de la jeunesse ? On trouve semble-t-il ses premières traces dans la philosophie des Lumières. L'image du jeune comme « promesse d'un avenir meilleur » apparaît par exemple clairement dans l'Encyclopédie de Diderot : « *Malgré les écarts de la jeunesse [...] c'est toujours l'âge le plus aimable et le plus brillant de la vie ; n'allons donc pas estimer le mérite des saisons par leur hiver, ni mettre la plus triste partie de notre être au niveau de la plus florissante* » [28]. L'idée selon laquelle les jeunes gagneraient à partir à la rencontre de l'autre était par ailleurs un lieu commun des romans d'apprentissage du XVIIIe siècle tels que le *Wilhelm Meister* de Goethe ou l'*Emile* de Rousseau [29].

Le mythe de l'internationale de la jeunesse apparaît ensuite plus directement comme un héritage du pacifisme jeuniste des années 1920 et 1930 [30]. Marc Sangnier donna à ce discours son expression la plus connue à l'occasion de son grand congrès de Bierville en 1926 [31]. On sait par ailleurs que des intellectuels participèrent, pendant l'entre-deux-guerres, à la diffusion de cette vision enchantée de la « jeunesse sans frontière ». H. Mann écrivit par exemple au lendemain de la signature des accords de Locarno que « *les jeunes, du moins beaucoup de jeunes d'ici et de chez moi, s'entendent à merveille. A peine savent-ils se parler, déjà ils sont amis* » [32]. C'est toutefois au sein des mouvements de jeunesse et de la *Jugendbewegung* que ce mythe trouva le terreau le plus propice à son institutionnalisation (entendons son inscription, au côté d'autres discours, dans la pensée sociale). Une internationale des « frères scouts » se structura ainsi dans les années 1920 tandis que le mouvement ajiste (des auberges de jeunesse) diffusait le même mot d'ordre : « *Pour avoir la paix, jeunesse, unissez-vous !* » [33]. Ce discours fut repris pendant les années 1930, puis pendant la guerre, par les partisans d'un rapprochement avec l'Allemagne nazie [34]. F. Bran milita par exemple toute sa vie pour un rapprochement franco-allemand centré sur cette catégorie d'âge. Il déclara en 1942 devant un parterre de nazis français que contrairement à leurs aînés, les jeunes renoncent facilement « *aux slogans faciles qui ne peuvent susciter que des préjugés sur autrui* » [35]. On comprend, dans ces conditions, que les partisans républicains ou démocrates d'un rapprochement entre les deux pays hésitèrent à reprendre ce discours à leur compte au lendemain de la guerre [36]. Cette image réintégra toutefois peu à peu le répertoire des représentations naturalisées de cette catégorie d'âge et les pères fondateurs de l'OFAJ purent s'en saisir, en 1963, pour donner un sens à l'action publique qu'ils étaient en train de mettre en place.

Les paragraphes qui précèdent dessinent une action publique où des acteurs semblent piocher dans un stock de discours sociaux celui qui correspond le mieux à leur intérêt du moment. Cette image n'est pas complètement fausse. Les pères fondateurs de l'OFAJ firent un usage « pragmatique » du mythe de l'internationale de la jeunesse. Nous montrons en effet dans une autre étude que l'adoption du « principe d'action des échanges de masse sur une courte durée » précéda, lors de la genèse de l'OFAJ, la diffusion du discours qui rendait cette option réaliste. Faut-il pour autant en déduire que les pères fondateurs de l'Office franco-allemand pour la jeunesse ne croyaient pas en ce mythe ?

La résistance du paradigme aux « appels du réel »

Le chercheur intéressé par la question de l'adhésion des acteurs aux récits anonymes qu'ils mobilisent fait évidemment face à un problème méthodologique que les béhavioristes ont coutume de formuler de la sorte : « on ne peut pas sonder les cerveaux des gens ». L'approche « cognitive » [37] de l'analyse des politiques publiques permet toutefois de contourner ce problème en observant comment les acteurs se positionnent quand leurs discours sont mis à l'épreuve de la réalité. L'idée est relativement simple : si les acteurs faisaient un usage purement pragmatique et stratégique de ces idées, ils n'auraient pas de mal à les abandonner quand apparaissent les premières difficultés. Or on observe un phénomène largement différent. Dans son étude sur la réforme de l'Etat, P. Bezes montre de manière très fine que les croyances en la « faisabilité » des réformes – dans le cas qui nous intéresse le mythe de l'internationale de la jeunesse – ne sont pas construites une fois pour toutes mais renégociées en fonction des observations de la réalité. A l'instar des sectes millénaristes étudiées par Leon Festinger [38], les acteurs des politiques publiques auraient tendance à préférer leur prophétie aux appels du réel quand apparaissent des dissonances entre les deux. Ils se comportent comme les communautés scientifiques observées par Kuhn : ils ne se résolvent à changer de « paradigme » que quand celui-ci ne parvient plus à absorber les appels du réel [39]. Paradoxalement, l'apparition de ces premières anomalies est en quelque sorte une conséquence de la croyance des acteurs en la justesse et en la faisabilité du projet. Rien n'obligeait a priori les acteurs à tester scientifiquement et de manière positiviste ou « poppérienne » leurs certitudes. Or le Conseil d'administration commanda dès 1963 des enquêtes quantitatives aux instituts IFOP et EMNID sur les représentations des jeunes Français et des jeunes Allemands. Il s'agissait de vérifier empiriquement quelques attentes du paradigme fondateur telles que : « les jeunes ont moins de préjugés hérités du passé que leurs aînés » ; « les contacts aboutissent à la disparition des préjugés », etc. Les premières enquêtes révélèrent immédiatement une réalité peu conforme aux attentes des acteurs [40].

Certains commentateurs extérieurs prirent immédiatement acte de cette réalité : « *La comparaison de l'enquête d'octobre avec les résultats d'avril apporte d'une manière générale un éclairage empirique dégrisant. Les réponses montrent en général que la relation entre Français et Allemands ne s'est malheureusement pas améliorée dans les proportions espérées* » [41]. La plupart du temps, ces données furent cependant interprétées dans le sens de la prophétie initiale. Typique fut à cet égard le commentaire d'un des principaux responsables de la coordination allemande des associations de jeunesse : « *Les préjugés persistent, augmentons les échanges* » [42].

La multiplication des anomalies conduisit les acteurs à une gestion plus radicale de ces dissonances. Dans son étude sur les sectes millénaristes, Léon Festinger relevait un mode de préservation des prédictions eschatologiques au lendemain de l'échec manifeste de la prophétie : la convocation du temps long [43]. Ce mécanisme est très courant. Des historiens du premier christianisme ont par exemple mis en évidence qu'un tel raisonnement permit aux premiers disciples du Christ d'assimiler les retards de la prophétie. Le messie avait annoncé la fin des temps à très court terme : « *Je vous le dis en vérité, cette génération ne passera point, que tout cela n'arrive* » (Evangile selon Matthieu, 24-34). Les disciples s'étaient organisés matériellement en fonction de cette annonce. Ils cessèrent de travailler, pensant que leur épargne serait suffisante pour tenir jusqu'à l'apocalypse. Leurs ressources épuisées et ne voyant rien venir, ils réinterprétèrent les paroles du Christ. L'apocalypse aurait bien lieu à court terme, mais à l'horloge divine, or le temps divin n'était pas celui des hommes : une trentaine d'années ici bas ne correspondait qu'à quelques heures à la montre du Seigneur [44]. Ce mécanisme psychologique universel éclaire la réaction de certains acteurs au début des années 1960. Les contacts n'aboutissaient pas à la disparition des préjugés ? Il suffisait de faire preuve d'un peu de patience. Le rapport de la commission sur le « bilan » des trois premières années d'existence de l'OFAJ concluait : « *Nous sommes encore très éloignés du moment où les résultats en profondeur et en largeur seraient tels qu'il suffirait de se limiter à une action éparse, fût-elle appliquée à des secteurs de pointe* » [45].

Pour le reste, on observe un phénomène de gestion de ces dissonances plus original, semblable à celui présenté par P. Bezes dans son étude sur les hauts fonctionnaires et la réforme de l'Etat : une sorte de radicalisation de l'éthique de conviction. P. Bezes écrit à ce propos : « *Le réformateur peut idéaliser la faisabilité politique, c'est-à-dire, d'une certaine manière, s'aveugler lui-même ou se mentir à lui-même sur la réalité de l'espace des possibles. Toute sa rationalisation repose sur l'enfermement dans une représentation idéalisée de l'action à mener qui accentue la représentation héroïque de la réforme* » [46]. Ce raidissement sur la dimension héroïque de la réforme prit les contours d'une réaffirmation de l'utopie fondatrice. On se souvient que, pour Joseph Rovan, l'OFAJ devait permettre « *la plus grande migration des peuples jamais organisée en temps de paix par des moyens et avec des intentions pacifiques* » [47]. Rovan répéta à de multiples occasions cette analyse, notamment après qu'une enquête eut mis en évidence que les contacts de quelques jours encouragés par l'OFAJ pouvaient aboutir au renforcement des préjugés négatifs réciproques : « *On doit se souvenir que sauf en tant de guerre ou d'expulsions de population, jamais dans l'histoire de l'Europe autant d'individus de deux peuples ne sont entrés en contact comme dans le cadre des activités que soutient l'OFAJ. Les contacts ont pu être parfois superficiels et parfois inutiles, dans des cas extrêmes même nuisibles. Mais il n'en reste pas moins que pour la première fois, une forme de migration de peuples est organisée et encouragée où le changement quantitatif dans les relations entre les peuples et la construction de l'Europe apporte avec lui un changement qualitatif* » [48].

Tous ces éléments sont signe du fait que les acteurs ont dans un premier temps préféré distordre leur perception de la réalité plutôt que de réviser leur système de croyances. Dans son étude sur l'Etat et le livre, Yves Surel note que cette attitude n'est pas viable sur le long terme. Le paradigme finit par « [s'épuiser] *à résoudre les anomalies que lui pose le réel* » [49]. La remise en cause du paradigme fondateur de l'Office se produisit, conformément au modèle, suite à la multiplication des « *dissonances cognitives* » [50] entre les prédictions du système de croyances fondateur et la réalité observée. Une difficulté apparut tout d'abord en Allemagne suite à la publication, en 1966, d'un article dans la *Frankfurter Allgemeine Zeitung* [51]. L'auteur ne dressait pas un bilan au vitriol de l'action de l'OFAJ. Il se contentait de rendre publiques les dernières enquêtes qui révélaient une permanence des préjugés chez les jeunes Allemands et les jeunes Français. L'écho rencontré par ce papier ne doit pas être exagéré. Il obligea simplement les autorités de Bonn et la direction de l'OFAJ à exercer un droit de réponse pour expliquer que « *les préjugés ne pourront être déconstruits que lentement* » [52].

Un autre « appel du réel » joua un rôle dans la mise à l'épreuve du paradigme fondateur : la multiplication des conflits au cours des rencontres. Ces conflits mettaient à l'épreuve l'idée selon laquelle les jeunes Français et Allemands fraterniseraient au premier regard. Un ancien animateur de rencontres se souvient par exemple que « *les stages OFAJ se passaient mal entre 63 et 73, surtout après 68, parce que les cadres proposés pour les sessions ne correspondaient pas du tout à ce que les jeunes vivaient. Il y avait un décalage* » [53].

Ces phénomènes inattendus posaient des problèmes pratiques aux organisateurs de rencontres. Pour comprendre toutes ces anomalies, l'OFAJ commanda une enquête approfondie en 1966 à l'universitaire français Yvon Bourdet. Cette enquête n'était pas de la même nature que les sondages EMNID/IFOP mentionnés plus haut : il ne s'agissait pas d'étudier les représentations d'un échantillon représentatif des jeunesses françaises et allemandes mais celles des jeunes participant aux rencontres. Cette étude devait donc permettre de mesurer précisément les effets de la politique de l'Office. 'enquête se déroula au cours de l'été 1966. Elle prit la forme d'un questionnaire administré à des jeunes Français et Allemands de 12 à 18 ans à la fin de leur séjour en centres de vacances franco-allemands. Grâce au soutien institutionnel de l'OFAJ, Bourdet put faire administrer 1049 questionnaires [54] qui avaient été préparés en amont avec les responsables des échanges afin de les rendre intelligibles à des enfants et des adolescents de cet âge.

Dans la mesure où il s'agissait de comprendre la « *persistance de préjugés nationalistes* » [55] observée par de nombreux animateurs, Bourdet arriva sur ce terrain avec quelques présupposés théoriques et méthodologiques. Critique à l'égard de l'épistémologie des sondages d'opinion, il partait de l'hypothèse que ceux-ci ne nous révélaient qu'une partie insignifiante du phénomène de permanence des stéréotypes et des préjugés. Il pressentait que les jeunes baignaient dans une idéologie internationaliste (le centre de vacances franco-allemand) rendant improbable l'expression des préjugés ou des stéréotypes les plus grossiers même quand ceux-ci continuaient à faire sens à un niveau plus profond. Bourdet camoufla donc ses indicateurs sur les stéréotypes nationalistes dans une batterie de questions plus anodines. Plutôt que d'interroger directement les jeunes sur leur image de l'armée, il leur proposa par exemple de réagir à un certain nombre de termes comme « officier », « général », etc. perdus au milieu d'autres mots d'univers sémantiques différents (cinéma, capitalisme, Jésus, soûlerie, etc.). Les jeunes étaient invités à rayer « *sans réfléchir* » les termes qui leur semblaient les plus négatifs.

L'analyse révéla un certain nombre de vérités triviales comme le fait que les jeunes condamnent à 93 % la « soûlerie ». Elle suggérait cependant aussi une forte mémoire de la guerre chez la jeune génération : parmi les termes les plus couramment biffés par les Français, Bourdet notait les mots « Prussien » (42 %), « Aigle » (35 %), « Chancelier » (31 %) et « Marne » (28 %). Il importait donc, d'après l'auteur, de se déprendre de l'idée selon laquelle le fait de ne pas avoir connu la guerre préservait les jeunes d'un travail nécessaire sur les représentations historiques [56]. La permanence de ces représentations historiques avait une conséquence importante : 90 % des Allemands et 80 % des Français jugeaient qu'une nouvelle guerre franco-allemande était possible [57].

Cette étude connut un certain écho dans le champ des échanges franco-allemands de jeunes car ses principaux résultats furent immédiatement publiés dans la revue du CFEAN d'Alfred Grosser [58]. Des responsables associatifs contactèrent l'auteur pour lui proposer de prolonger l'enquête dans leurs propres activités franco-allemandes [59]. On peut donc penser que cette expertise commença à pénétrer par le bas et le local les échanges franco-allemands. Pour le reste, les conclusions de Bourdet, très réservé quant à la raison d'être d'une institution telle que l'OFAJ dans son fonctionnement de l'époque, ne furent pas publiées par l'Office et on en resta là pendant quelques années.

Un dernier événement joua un rôle dans la remise en cause du système de croyances fondateur de l'OFAJ : mai 1968. D'une certaine manière, il était probable que l'histoire d'une institution centrée sur les jeunesses françaises et allemandes croisât celle de ce mouvement social porté par une partie des jeunes des deux pays. Outre la concomitance des événements en France et en Allemagne, il importe de signaler l'existence d'un petit mouvement transnational, une sorte d'internationale soixante-huitarde franco-allemande. La première grande figure de ce mouvement fut bien évidemment Rudi Dutschke. L'attentat dont il fut victime en avril 1968 suscita une réelle émotion en France. Des étudiants allemands répondirent à ce mouvement de sympathie en allant défiler devant les consulats français. Un mois plus tôt, un jeune Allemand du nom de D. Cohn-Bendit avait par ailleurs fait bouger Nanterre « *en solidarité avec la jeunesse de la République fédérale* » avant de se faire expulser avec quelques compatriotes [60]. D'abord mise en avant par ses adversaires, son identité allemande fut reprise en cœur par les manifestants après son expulsion du territoire : « *nous sommes tous des Juifs allemands !* ».

Comme de nombreuses institutions de l'époque, l'OFAJ fut incapable, sur le coup, de comprendre le mouvement. Le décalage était probablement trop grand entre la jeunesse imaginée par l'OFAJ – « *des jeunes en culottes courtes qui couraient ensemble* » [61] – et celle qui lançait des pavés sur les CRS. L'impact des événements de Mai 1968 se fit surtout sentir à moyen terme dans l'émergence d'un consensus quant à la nécessité de comprendre le décalage entre l'idéologie officielle des échanges franco-allemands de jeunes et les nouvelles observations de la réalité, notamment la persistance des préjugés nationalistes chez les jeunes participants [62].

La réflexion s'ouvrit d'abord dans le « forum scientifique » [63]. Parmi les études ou les réflexions publiées à cette époque, il convient de mentionner celles de Jacques René Rabier. Le fondateur des Eurobaromètres s'est intéressé à l'OFAJ dans le cadre de sa réflexion sur les modalités de la construction politique d'un sentiment européen. Il vit dans l'OFAJ une institution originale de transformation des mentalités et se proposa dans divers articles [64] d'effectuer un bilan rigoureux de son action (en termes de « outcomes ») : « *1,1 million de jeunes se sont rencontrés depuis la création de l'OFAJ. Quels sont les effets sur les attitudes et les comportements de la jeunesse française et allemande de cette action sans précédent de mise en communication ?* » [65]. Après avoir passé en revue les différents sondages d'opinion révélant une absence de changement au niveau des deux jeunesses en général, Rabier exhuma l'enquête d'Yvon Bourdet qu'on avait oubliée quelque part dans les archives de l'OFAJ. Pour Jacques René Rabier, les conclusions de Bourdet interrogeaient sérieusement l'action de cet organisme : « *Voici des jeunes qui passent gaiement leurs vacances ensemble, qui semblent s'accorder sur beaucoup d'aspects de la vie quotidienne et même sur les grands principes de leur civilisation commune, qui commencent à effacer les ressentiments historiques, et seulement 10 % (pour les Allemands) et au mieux 20 % pour les Français estiment qu'une nouvelle guerre est impossible entre l'Allemagne et la France* » [66]. Les conclusions de Rabier (et Bourdet) furent reprises par la presse allemande régionale qui titra notamment « *bilan désastreux pour l'OFAJ* » [67], « *ombre sur l'OFAJ* » [68], « *la guerre n'est pas exclue* » [69].

Ces articles incitèrent la direction de l'Office à réagir. La mémoire organisationnelle de l'OFAJ a retenu comme moment charnière un colloque organisé à l'hôtel Lutetia en 1968. On se contenta alors en réalité de constater, sous l'impulsion d'Alfred Grosser, qu'il convenait de donner une place à mai 1968 à l'OFAJ [70]. De nouvelles enquêtes, dont la presse se fit une nouvelle fois l'écho [71], apportèrent des résultats encore plus dégrisants au début des années 1970. Le constat d'un échec de la politique des échanges de masse fut finalement acté à Strasbourg en 1972 à l'occasion d'un nouveau colloque sur « *Les problèmes psychologiques de la rencontre franco-allemande* ». Le responsable de la direction de la jeunesse et de l'éducation populaire au ministère de la Jeunesse et des sports nota au lendemain de cette manifestation : « *L'enquête IFOP – EMNID GmbH, réalisée en 1968, et l'enquête IFOP-Infratest, effectuée auprès de lycéens en 1971, font apparaître une très grande permanence des stéréotypes, d'un côté comme de l'autre. Bien plus, le sondage de 1968, rapproché de ceux effectués en 1963, a montré sur certains points une régression (par exemple 15 % des Français se sont déclarés favorables à des liens plus étroits avec l'Allemagne, au lieu de 22 % en 1963. Il est [...] préoccupant de constater qu'aucun progrès déterminant n'ait pu être enregistré dans les mentalités à l'issue de plusieurs années d'échanges* » [72].

Ce tournant conduisit à ce qu'on pourrait appeler le « tournant qualitatif » de l'histoire de l'OFAJ. Un programme de recherche fut alors lancé, en interne, afin de comprendre les dynamiques concrètes des « rencontres interculturelles ». Cette équipe de chercheurs animée par Ewald Brass produisit une expertise qui aboutit à la démystification de la prophétie fondatrice de l'OFAJ. Nous citons ici un extrait d'un livre de Jacques Demorgon, chercheur à l'OFAJ : « *On peut se demander pourquoi, malgré les éclairages existants sur les contradictions entre le temps pédagogique de courte durée et les objectifs d'une formation aux relations internationales et interculturelles, les institutions responsables – que ce soit au niveau des gouvernements, des organisations, des associations, etc. – continuent à favoriser ce type d'approche à court terme. S'agit-il d'une préméditation pour empêcher, par exemple, des répercussions possibles en direction d'une supranationalité jugée nuisible aux traditions et aux intérêts nationaux ?* » [73].

Ces quelques éléments permettent de comprendre que la crise paradigmatique s'étala sur plusieurs années. Les acteurs interprétèrent dans un premier temps les appels du réel dans le sens de la prophétie initiale. Ce n'est qu'après la multiplication des anomalies qu'ils se résolurent à modifier leur système de croyances.

On le voit, ce détour par l'approche cognitive de l'analyse des politiques publiques permet de répondre de manière univoque à la question posée en introduction : les pères fondateurs de l'OFAJ ont bien cru en leurs mythes. Faut-il pour autant conclure de ce qui précède que l'Office franco-allemand pour la jeunesse des années 1960 ne fut qu'un mirage, une erreur de l'histoire corrigée par le « retour à la réalité » que constitua le tournant qualitatif et pédagogique du début des années 1970 ? Nous voudrions plutôt souligner ici que la croyance dans les effets magiques des échanges internationaux de jeunes eut vraisemblablement des conséquences positives sur l'évolution des rapports franco-allemands. Tout comme l'accolade entre de Gaulle et Adenauer ou la poignée de main entre Mitterrand et Kohl, l'OFAJ participa à la mise en scène du grand récit de la réconciliation. On pourrait même soutenir la thèse que sa fonction de symbole du rapprochement contribua davantage à transformer les mentalités que ses programmes concrets. On peut citer à cet égard une étude de l'IFOP de 1993 révélant que les Français les plus germanophiles sont ceux qui ont entendu tous les discours sur le rapprochement et l'union franco-allemands mais n'ont pas participé aux échanges culturels subventionnés par cet organisme. Ce point fut exprimé par Luc Rosenzweig dans *Le Monde* au lendemain de la parution de cette enquête : « *Il est intéressant de constater qu'en France la tranche d'âge la plus germanophile est celle des plus de 65 ans. 58 % de ces gens qui ont été les témoins ou les acteurs de la Seconde guerre mondiale ont une bonne opinion de l'Allemagne. En revanche, les jeunes de 15 à 24 ans ne sont que 36 % à partager cette idée* » [74]. Si cette interprétation est juste, l'OFAJ s'apparenterait à une prophétie autoréalisatrice. Il aurait construit une réalité dans l'ordre du discours qui aurait fini par prendre racine, au moins de manière superficielle, dans les représentations. Nous avons placé en exergue de cet article cette citation de P. Ricoeur : « *Si l'on n'accorde pas que la vie sociale a une structure symbo-lique, il n'y a aucun moyen de comprendre comment nous vivons, faisons des choses et projetons ces activités dans des idées, pas de moyen de comprendre comment la réalité peut devenir une idée* ». On pourrait ajouter que la prise en compte de la dimension symbolique de la vie sociale aide également à comprendre comment *une idée peut devenir réalité…*

Commentaire :

Un observateur attentif ne pourra s'empêcher de qualifier le comportement de nos dirigeants politiques d'aujourd'hui comme un « curieux volontarisme ». Ce volontarisme, qui se développe sous la contrainte d'une crise transnationale, peut-il créer ou démolir des mythes ? Existe-t-il une relation cachée entre des actions volontaristes et leur transformation en mythologie autoglorifiante ? M. Delori teste cette hypothèse en examinant le lancement de l'OFAJ dans les années 60. Plusieurs ministres de la Jeunesse des années 80 ont appelé cette institution du Traité de l'Elysée « un monstre historique ». Un indice que les motivations profondes des pères fondateurs de l'OFAJ n'étaient plus perçues par une partie de la classe politique comme un balisage pour le hic et nunc et le futur. Cette problématique est bien démontrée : le court terme de la politique et des modes intellectuelles souffre à répétition de la difficulté de savoir apprécier à leur juste valeur les convictions rationnelles des capitaines du long terme. L'incompris devient pour certains « irrationnel ».

Comme souvent, il est regrettable de devoir constater que la recherche scientifique sur la jeunesse en France, malgré quelques avancées de chercheurs autour de l'OFAJ, n'a que peu d'effet sur l'approche politiste des relations interculturelles avec les voisins des Français. L'étude des valeurs des jeunes et de l'international reste la plus vivante dans le marketing. Il est dans un tel contexte compréhensible que les racines du rapprochement franco-allemand soient recherchées « dans l'univers de la fiction, dans la pensée mythique ». La dimension du mythe, selon Walter Benjamin, appliquée à un cas donné comme l'OFAJ, peut se révéler très riche. Mais dans le cas présent, il s'agit de distinguer le possible et l'impossible de la mission confiée à l'OFAJ par le Général de Gaulle et le chancelier Adenauer. Toutefois, une telle étude a besoin de repères historiques et notamment de l'histoire des idées. La contribution de M. Delori suscite quelques interrogations. On reste curieux de savoir ce que cela donne si le même questionnement est appliqué à la longue durée des rapports franco-allemands.

– Rudolf HERRMANN –

Notes

1. Nous empruntons ce titre à P. Bezès, qui faisait lui-même explicitement référence à P. Veyne : Veyne, (1992), *Les Grecs ont-ils cru à leurs mythes ? Essai sur l'imagination constituante.* Paris : Seuil ; BEZES, (2000), « Les hauts fonctionnaires croient-ils à leurs mythes ? L'apport des approches cognitives à l'analyse des engagements dans les politiques de réforme de l'Etat. Quelques exemples français (1988-1997) ». In : *Revue française de science politique*, 50-2, Avril 2000, pp. 307-332.

2. Defrance, Krebs, Pfeil et Bock, (2008), Les jeunes dans les relations franco-allemandes. L'Office franco-allemand pour la jeunesse (1963-2008). Paris : Sorbonne nouvelle (OFAJ). Vaillant, J., (2004), L'Office franco-allemand pour la jeunesse : de la réconciliation à la coopération au service de l'Europe. Paris : L'Harmattan.

3. Cet article s'inspire de notre thèse de doctorat de science politique : Delori, M., (2008), *De la réconciliation franco-allemande à la 'guerre des dieux'. Analyse cognitive et discursive d'une politique publique de socialisation à la cause de la paix : l'Office franco-allemand pour la jeunesse.* Thèse de doctorat de science politique, Grenoble : Université Pierre Mendès-France.

4. Rovan, J., (1972), « Les relations franco-allemandes dans le domaine de la jeunesse et de la culture populaire (1945-1971) ». In : *Revue d'Allemagne et des pays de langue allemande*, 4, pp. 675-704, p. 703.

5. Nous citons ici M. Strobel, ministre fédérale allemande de la jeunesse à la fin des années 1960. Strobel (1970) « Deux jeunesses ». In : *Le courrier de Parlement*, août 1970.

6. Bezes, P., (2000), « Les hauts fonctionnaires croient-ils à leurs mythes ? L'apport des approches cognitives à l'analyse des engagements dans les politiques de réforme de l'Etat. Quelques exemples français (1988-1997) ». *Op. cit.*, P. Bezès emprunte cette expression à P. Veyne : Veyne, P., (1992), Les Grecs ont-ils cru à leurs mythes ? Essai sur l'imagination constituante. *Op. cit.*

7. Barthes, R., (1957), *Mythologies*. Paris : Seuil, p. 209.
8. Girardet, (1986), *Mythes et mythologies politiques*. Paris : Seuil.
9. Sabatier et Jenkins-Smith, (1993), *Policy Change and Learning : An Advocacy Coalition Approach*. Boulder : Westview.
10. Jobert et Muller, (1987), *L'Etat en action : Politiques publiques et corporatisme*. Paris : PUF.
11. Surel, (1997), *L'Etat et le livre : les politiques publiques du livre en France : 1957-1993*. Paris : L'Harmattan.
12. Ricoeur, (2000), *La mémoire, l'histoire, l'oubli*. Paris : Seuil.
13. Vennesson, (1998), « Renaissante ou obsolète ? La guerre aujourd'hui ». In : *RFSP*, 48-3, pp. 515-534.
14. Le mécanisme psychologique est aujourd'hui bien compris. Ego rencontre Autrui avec des attentes le concernant. Cette représentation primordiale est nécessairement formatée par la pensée sociale, c'est-à-dire l'ensemble des stéréotypes et des préjugés décrivant « les Allemands » ou « les Français » comme carrés, superficiels, etc. Ces représentations primordiales jouent alors un rôle de « cartes mentales » filtrant les nouvelles informations reçues lors de la rencontre. Lors de ces premiers contacts, Ego est donc confirmé dans son intuition que Alter est carré, superficiel, etc. Ce mécanisme fonctionne de la même manière, que les préjugés/stéréotypes soient négatifs ou positifs. Quand les représentations sociales d'un groupe sont majoritairement dépréciatives, les rencontres internationales aboutissent à un renforcement des jugements tels que « les Allemands sont autoritaires », « les Français sont sales », etc. Voir par exemple : Sherif (1971) *Des tensions intergroupes aux conflits internationaux*. Paris : ESF.
15. Deutsch (1953) *Nationalism and Social Communication*. New York : The Technology Press of the MIT. Voir également : Battistella (2003) « L'apport de Karl Deutsch à la théorie des relations internationales ». In : *Revue Internationale de Politique Comparée*, 10/4, pp. 567-585.
16. Le principal indicateur de l'existence d'un tel sentiment était l'absence de guerre ou de préparatif de guerre sur une longue période.
17. Successeur d'Alfred Weber à la chaire de sciences sociales et d'économie de l'Université de Heidelberg. Ironie de l'histoire, ce pourfendeur de l'idée fondatrice de l'OFAJ est décédé le 30 juin 1963, soit quelques jours avant sa création.
18. Décamps, Becker, Karplus, Herberger, Reuter, Sadermann, Koepnick, Schroeter, Hoeger, Oehler, Spindler, Voigtländer et Wagner (1954) *Image de la France, un sondage de l'opinion publique allemande (République Fédérale)*. Francfort sur le Main : Institut für Sozialforschung an der Wolfgang Goethe Universität. On trouve cette étude dans les archives du MAE (Europe 1949-1955), Allemagne, 385.
19. Sur la notion de « forum », empruntée à Bruno Jobert, voir : B. Jobert, *Le tournant néo-libéral en Europe. Idées et recettes dans les pratiques gouvernementales*. Paris : L'Harmattan.
20. Reichenbach, François : *Deux pays, une jeunesse/Zwei Länder, eine Jugend* – Film produit par l'OFAJ, 1978, 43 min.
21. Grosser, A., (1963), « Réflexions sur un traité ». In : *Bulletin bimestriel d'information du Comité français d'échanges avec l'Allemagne nouvelle*, 77-78, pp. 1-12.
22. Beze, (2000), « Les hauts fonctionnaires croient-ils à leurs mythes ? L'apport des approches cognitives à l'analyse des engagements dans les politiques de réforme de l'Etat. Quelques exemples français (1988-1997) ». *Op. cit.*
23. Discours du député Pierre Comte-Offenbach, Assemblée nationale, Journal officiel, débats parlementaires, 14 juin 1963, Nr 64 AN, pp. 3339-3340.
24. Altmayer, (1967), « Jeunesses françaises et allemandes d'aujourd'hui ». In : *Documents, revue des questions allemandes*, Septembre-octobre 1967.
25. Warne (1999) « La jeunesse est-elle toujours en crise ? The Social Representation of Youth Under the Fifth Republic ». In : Allison et Heathcote, *Forty years of the Fifth French Republic*. Bern : Lang, pp. 205-221. Cette image sociale était très forte à l'époque de la création de l'OFAJ, y compris au sein de la coalition de cause qui porta le projet de réconciliation par la jeunesse. R. d'Harcourt écrivait par exemple en 1962 dans la revue *Dokumente* : « *Pour se 'libérer' et pour se débarrasser des inhibitions internes, on abat des hommes et on lance des bombes. [...] Nous avons bien sûr aussi en France nos blousons noirs, comme l'Angleterre ses Teddy boys et l'Allemagne ses Halbstarken* ». D'Harcourt (1962) « Zweimal Jugend. Eine vergleichende Parallele ». In : *Dokumente, Zeitschrift für übernationale Zusammenarbeit*, 6, pp. 444-450, p. 446.
26. Bourdieu, (1986), « De quoi par le-t-on quand on parle du "problème de la jeunesse" ? ». In : Percheron, *Les jeunes et les autres*. Paris : Ministère de la recherche et de la technologie, pp. 229-234.
27. Mauger, Idem. « Formes et fonction des discours sociaux sur la jeunesse ». In : Perrot, Vaucresson : CRIV, pp. 85-93.
28. *Idem*.
29. Goethe (1983) *Les années d'apprentissage de Wilhelm Meister*. Paris : Aubier-Montaigne ; Rousseau (1995) *Emile ou De l'éducation*. Paris : Gallimard.
30. Krebs, (1989), « La paix par la jeunesse. Aspect du pacifisme en France et en Allemagne entre les deux guerres ». *Hommage à Joseph Rovan*. Asnières: Institut d'Allemand d'Asnières, pp. 155-190.
31. Sangnier, (1926), *La paix par la jeunesse. Le congrès de Bierville*. Paris : La Démocratie.
32. Mann, (1927), « Un Locarno intellectuel ». In : *Revue d'Allemagne*, pp. 291-301.
33. Gaston Roche, cité par G. Krebs, in : Krebs, (1989), « La paix par la jeunesse. Aspect du pacifisme en France et en Allemagne entre les deux guerres ». *Hommage à Joseph Rovan*. Asnières : Institut d'Allemand d'Asnières, pp. 155-190.
34. Voir par exemple : Unteutsch, (1990), *Vom Sohlbergkreis zur Gruppe Collaboration*. Münster : Kleinheinrich.

35. Bran, F., (1942), La jeunesse allemande et l'avenir de l'Europe. Paris : Groupe Collaboration.
36. Voir : Delor, (2008), *De la réconciliation franco-allemande à la 'guerre des dieux'. Analyse cognitive et discursive d'une politique publique de socialisation à la cause de la paix : l'Office franco-allemand pour la jeunesse. Thèse de doctorat de science politique. Op. cit.*
37. Muller, P., (2000), « L'analyse cognitive des politiques publiques : vers une sociologie politique de l'action publique ». In : *Revue française de science politique*, 50 (2), pp. 189-207.
38. Festinger (1957) *A Theory of Cognitive Dissonance*. Stanford : Stanford University Press.
39. Surel, (1997), *L'Etat et le livre : les politiques publiques du livre en France : 1957-1993*. Paris : L'Harmattan. Kuhn, T. S., (1972), *La structure des révolutions scientifiques*. Paris : Flammarion.
40. Emnid (1963) *Zum deutsch-französischen Jugendaustausch. OFAJ*. Bielefeld.
41. M.F (1966) « Aufgaben von gestern, Möglichkeiten für morgen ». In : *deutsche Jugend*, Februar 1966, 14. Jahrgang Heft 2, pp. 55-56.
42. Binder (1963) « Noch mehr Jugendaustauch ». In : *Wohl am Sontag*, 10.3.1963.
43. Festinger (1957) *A Theory of Cognitive Dissonance. Op. cit.*
44. Fredriksen (1992) *De Jésus aux Christs*. Paris : Ed du Cerf.
45. Rapport de la commission ad hoc sur le bilan 1964-67, p. 3. Politisches Archiv des Auswärtigen Amts, Berlin, Kulturabteilung, B94, 1611.
46. Bezes (2000) « Les hauts fonctionnaires croient-ils à leurs mythes ? L'apport des approches cognitives à l'analyse des engagements dans les politiques de réforme de l'Etat. Quelques exemples français (1988-1997) ». *Op. cit.*
47. Ce mot de Joseph Rovan a commencé à circuler dès la création de l'Office. ROVAN (1972) « L'Office franco-allemand pour la jeunesse ». In : *Revue d'Allemagne*, 3, p. 701.
48. Rovan, J. (1966), « Die Positive Völkerwanderung ». In : *Deutsche Jugend*, 14. Jahrgang Heft 2, pp. 90-91. Il a même exprimé ces idées dans un livre quelques années plus tard : Rovan (1986) *France Allemagne. Deux nations, un avenir*. Paris : Julliard.
49. Surel (1997) *L'Etat et le livre. Op. cit.*, p. 40.
50. Festinger (1957) *A Theory of Cognitive Dissonance. Op. cit.*
51. Menck (1966) « Bessere Verständigung bei schlechterem Wetter ». In : *Frankfurter Allgemeine Zeitung*, 30.9.66.
52. Ko (1966) « Vorurteile werden nur langsam abgebaut. Lehren aus der Arbeit des deutsch-französischen Jugendwerkes ». In : *Der Pariser Kurier*, 10.9.66. L'OFAJ publia également à l'époque une « revue de presse » qui reprenait tous les articles sympathiques à l'égard de l'Office. OFAJ (1966) *Revue de presse. Presse Spiegel*. Paris : OFAJ. Archives de l'OFAJ, Berlin.
53. Entretien avec l'auteur, mars 2004.
54. 622 Français et 427 Allemands ; 626 garçons et 422 filles. Bourdet (1966) *Préjugés français et préjugés allemands. Op. cit.*
55. *Ibid.*
56. *Ibid.*
57. Bourdet (1966) *Préjugés français et préjugés allemands. Op. cit.*, p. 47.
58. Cette publication est signalée par Bourdet dans son texte. *Ibid.*
59. *Idem.*
60. Jansen (1968) « Schatten über das Deutsch-Französische Jugendwerk ». In : *Handelsblatt Düsseldorf*, 4.7.1968.
61. Entretien avec un agent de l'OFAJ, Paris, 26 mai 2002.
62. Böll (1968) « Internationale Jugendbegegnungen. Gartenlaubenidylle in einer revolutionären Weltsituation ? ». In : *Deutsche Jugend*, 8, pp. 359-366.
63. Sur la notion de « forum », voir note 19.
64. Rabier (1968) « Vorurteile gegen Völkerverständigung ». In : *Dokumente*, 5, pp. 353-357, Rabier (1968) « Imagologie. Préjugés français. Préjugés allemands ». In : *Revue de psychologie des peuples*, 23, pp. 186-202.
65. *Idem*, p. 186.
66. *Ibid.*, p. 193.
67. « Trotslose Bilanz des Jugendwerkes » (1968). In : *Oberbayerishes Volksblatt, Rosenheim*, 17.4.1968.
68. Jansen (1968) « Schatten über das Deutsch-Französische Jugendwerk ». In : *Handelsblatt Düsseldorf*, 4.7.1968.
69. « Krieg wird nicht aussgeschlossen » (1968). In : *Heidenheimer Zeitung, Heidenheim*, 17.4.1968.
70. *Kongreß DFJW 1968 = Colloque OFAJ 1968.* (1969), Paris : OFAJ.
71. H.M. (1971) « Français et Allemands vus d'en face ». In : *Le Monde*, 7.7.1971, Herrmann (1972) « Deutsch-Französisches Jugendwerk, Stürmischer Herbst oder stille Agonie ? ». In : *Deutsche Jugend*, pp. 388-392. (« L'Office franco-allemand pour la jeunesse : automne tempétueux ou silencieuse agonie ? »). Staub (1972) « Minister und Manager führen einen Kleinkrieg ». In : *Neue Osnabrücker Zeitung*, 9.8.1972.
72. Note du directeur de la jeunesse, 16.6.1972, Centre des archives contemporaines, Fontainebleau, 1978 0596/20.
73. Demorgon, (1989), *L'exploration interculturelle*. Paris : Arman Colin, p. 244.
74. Rosenzweig (1993) « Espace Européen. Trente ans de coopération franco-allemande. Un mariage de raison plutôt qu'une folle passion. C'est ce qui ressort d'un sondage de l'IFOP pour le magazine "Transit" (ARTE), "la SEPT" et "le Monde" ». In : *Le Monde*, 23.01.93.

*Pierre-Frédéric Weber**

Édouard Daladier en Pologne (décembre 1953)
Chronique des contacts officieux franco-polonais sur la question allemande et la CED

France, Allemagne, Pologne

Longtemps avant la création du Triangle de Weimar [1], la France, l'Allemagne (divisée) et la Pologne formaient déjà, de par l'histoire, la géographie et la géopolitique, une communauté de destin – une sorte de système trilatéral, si l'on prend en considération avant tout l'Allemagne de l'Ouest (RFA). En effet, des deux Etats allemands, la République fédérale était celui dont la politique étrangère et les objectifs à moyen et à long terme risquaient le plus de remettre en question le *statu quo* européen d'après-guerre, notamment à l'est [2]. L'existence d'une « question allemande », autrement dit l'absence de solution satisfaisante au problème de l'unité de l'Allemagne et de ses frontières définitives, résultait pour l'essentiel de la situation de guerre froide et en particulier du conflit entre la politique de fait accompli de l'URSS en Europe de l'Est d'une part et les textes de la conférence de Potsdam (17 juillet-2 août 1945) sur lesquels s'appuyaient les revendications ouest-allemandes d'autre part. En réaction à la position soviétique, Konrad Adenauer voyait ainsi trois grandes priorités pour la RFA : l'ancrage à l'Ouest (« Westintegration »), l'exigence de la signature d'un traité de paix comme condition nécessaire au règlement définitif du tracé de la frontière occidentale de la Pologne (« Friedensvertragsvorbehalt ») et enfin la politique de non-reconnaissance de la République démocratique allemande (« Alleinvertretungsanspruch »).

Les efforts du chancelier pour redonner une place à l'Allemagne dans le concert des Etats européens au sein du camp occidental, visaient aussi à lui rendre tous les attributs de la souveraineté étatique, en particulier l'autonomie de la politique étrangère et les moyens de sa propre défense militaire face à la menace potentielle de l'URSS. Au début des années cinquante, les Alliés américains et britanniques revoyaient d'ailleurs leur politique à l'égard de l'Allemagne, et considéraient que dans le contexte de la guerre froide – dont la guerre de Corée (1950-1953) rappelait brutalement la nature délétère –, la jeune RFA devait fournir sa part de moyens militaires destinés à contenir une éventuelle poussée communiste vers l'ouest. Cela posait inévitablement la question du réarmement allemand, de la création d'une armée (ouest-)allemande, quelques années seulement après la fin de la

* P.-F. Weber. « Visiting professor » à l'Université de Szczecin (Pologne).

Seconde Guerre mondiale. Chez les décideurs européens comme dans les populations des pays naguère occupés par la Wehrmacht et la Waffen SS, le souvenir de la guerre et la peur du militarisme allemand étaient encore très présents. La « peur du Boche » constituait alors un facteur important de la perception de l'Allemagne et des Allemands, ainsi que de la politique allemande des Etats concernés [3]. Ce trait était particulièrement saillant en France et en Pologne.

Etant donné la détermination américaine, la question du réarmement allemand se posait essentiellement quant à sa forme : « Faut-il reconstituer une armée nationale allemande ou intégrer des contingents allemands dans les forces de l'OTAN ? Aucune de ces deux solutions ne conv[enai]t aux Français [...] » [4]. Le projet d'une Communauté européenne de défense (CED) avec la participation active de la RFA, proposé le 24 octobre 1950 par le Français René Pleven, alors président du Conseil (MRP), et adopté par six pays européens (France, RFA, Italie, Belgique, Luxembourg, Pays-Bas) le 27 janvier 1952, ne put empêcher la cristallisation du débat autour de la question : « Pour ou contre une nouvelle armée allemande ? ». *In fine*, c'est sur cette pomme de discorde que les tenants de la CED finirent par se casser les dents en France, avec le rejet du projet par le parlement français le 30 août 1954 [5].

L'objet de cet article, réalisé à partir d'archives inédites françaises, polonaises et allemandes, est de montrer que loin de rester isolées d'une part en France, d'autre part en Pologne – de chaque côté du rideau de fer –, les initiatives visant à empêcher la création de la CED non seulement avaient des points de convergence dans leur argumentaire et leur(s) motivation(s), mais furent au moins une fois conjointes sur un plan semi-officiel, en marge de la politique menée par le gouvernement français de l'époque. L'action combinée dont il est question dans la suite eut un écho relativement important à l'époque, bien qu'elle soit aujourd'hui presque oubliée. Du fait de l'importance politique de certains acteurs impliqués, il ne faut pas non plus négliger l'effet qu'elle eut sur le débat français au sujet de la CED ; le voyage d'information initialement à titre privé d'une délégation parlementaire française en Pologne en décembre 1953, ne fut-il pas à l'origine une idée d'Edouard Daladier, que les années 1938-40 avaient, semblait-il, disqualifié politiquement ? Les biographies de Daladier, même celles de qualité, s'arrêtent souvent en 1945, consacrant aux décennies d'après-guerre de son activité parlementaire au mieux quelques lignes très générales [6]. Cet article est aussi l'occasion de compléter utilement le portrait de celui que l'histoire a retenu presque exclusivement comme l'« homme de Munich ».

La politique étrangère de la France au début des années cinquante

En 1945/1946, la France avait traversé « [un] passage dialectique [...], où la conscience du danger soviétique cohabit[ait] [...] avec le péril allemand » [7], influencée en cela par les réflexions du général de Gaulle [8]. La sympathie prosoviétique de l'après-guerre connut un refroidissement au regard de la politique de Moscou en Europe orientale et balkanique, ainsi qu'à la suite du discours de Molotov en juillet 1946 sur la question allemande : face à la tentation d'une entente avec l'URSS, permettant d'envisager la réunification de l'Allemagne sans réussir pourtant à éloigner le risque de sa soviétisation, la diplomatie française choisit vite le rapprochement avec les Anglo-Saxons à la recherche d'une solution fédérale.

A l'intérieur toutefois, l'éclatement du tripartisme et l'apparition de la Troisième Force en 1947 [9] ne signifiait pas, loin de là, la perte d'influence du Parti communiste français (PCF) dans le paysage politique. Tout au long de la IVe République, l'opinion française reste sensible (et sensibilisée) aux propositions de l'Est. Lorsque l'URSS tente à l'automne 1950 d'infléchir la politique de réarmement de la RFA lancée par les Occidentaux sous l'impulsion américaine, en proposant de son côté l'idée d'une Allemagne réunifiée et neutralisée, de nombreuses voix se font entendre dans l'Hexagone en faveur de discussions avec les Soviétiques. La position française apparaît bien alors dans toute sa complexité : « *Il est clair que la France garde [...] certaines arrière-pensées : si elle n'attend rien des Russes pour le règlement de la question allemande en général, elle semble garder quelque espoir secret d'aboutir, grâce à ces derniers, à une limitation du réarmement allemand. Le comble de l'habileté serait de parvenir, grâce aux Soviétiques, à freiner les Américains dans leurs velléités de rendre à l'Allemagne son entière souveraineté, notamment sur le plan militaire... Cependant, si on a pu caresser à Paris le rêve de différer le réarmement de l'Allemagne fédérale, on n'entend pas non plus remettre en cause la solidarité occidentale.* » [10]

Si l'on considère ensuite les rapports de la France avec l'Allemagne, en l'occurrence avec la RFA, au cours des premières étapes de la construction d'un ensemble européen, on notera qu'ils sont encore marqués par la dualité. Certes, ce sont deux Français – Jean Monnet et Robert Schuman – qui ont lancé l'idée de la Communauté européenne du charbon et de l'acier (CECA) en mai 1950, dont la réalisation devait permettre à la fois de mieux contrôler l'économie ouest-allemande mais aussi d'intégrer la jeune République fédérale dans le groupe des nations ouest-européennes. Néanmoins, la première moitié des années cinquante est également marquée par le différend franco-allemand sur la question sarroise, qui ne trouve un règlement définitif que par la signature des accords de Luxembourg par la France et la RFA, le 27 octobre 1956, et la réintégration de la Sarre comme « Land » ouest-allemand à partir du 1er janvier 1957 [11]. La politique sarroise de la France visait à détacher cette région autonome, occupée par les troupes françaises, de l'espace territorial allemand, dans le but à peine voilé de la rattacher à la France, conformément à la volonté d'affaiblir le potentiel d'agression de l'Allemagne [12]. Sur ce point, il existait une certaine convergence de vues entre Polonais et Français, liée au voisinage de l'Allemagne – indépendamment même du primat de la politique étrangère soviétique dans le bloc de l'Est, et en dépit des différences idéologiques inhérentes à la nature du régime communiste en place à Varsovie. Toutefois, la période de la première décennie d'après-guerre, époque stalinienne en Europe soviétique, est marquée aussi par des tensions dans les rapports bilatéraux entre Paris et Varsovie. Celles-ci concernent surtout des affaires judiciaires (cas d'arrestation et d'emprisonnement de ressortissants français sur le territoire polonais pour raison d'espionnage, par exemple dans la retentissante affaire Robineau, montée de toutes pièces par l'appareil de la Sécurité intérieure polonaise [13]) ou économiques (nationalisation par l'Etat polonais de biens immobiliers et/ou d'entreprises ayant appartenu à l'Etat français en Pologne avant la Seconde Guerre mondiale). Des tensions existent aussi autour de la réouverture retardée de l'Institut français de Varsovie. Il faudra attendre la déstalinisation pour que certains problèmes en suspens soient résolus [14].

L'initiative Lebon-Daladier

Les archives du ministère polonais des Affaires étrangères révèlent une première prise de contact entre le député français Pierre Lebon [15] (URAS [16]) et l'ambassade de Pologne à Paris, en la personne du conseiller d'ambassade Mieczysław Ogrodziński, dans une dépêche chiffrée du 15 octobre 1953. Le diplomate polonais rapporte à sa centrale varsovienne la venue de ce parlementaire gaulliste se présentant comme « un étroit collaborateur de Daladier dans son action contre [la reconstitution de]l'armée allemande ». Sa visite intervient d'ailleurs le jour même où Edouard Daladier publie dans *L'Information* une déclaration sur la nécessité d'une reconnaissance définitive de la ligne Oder-Neisse avant tout règlement de la question allemande [17]. Dès le début de l'initiative française, le nom de Daladier apparaît donc clairement. Des doutes subsistent quant à l'origine de la démarche de Lebon, et la Pologne croit déceler l'ombre du général de Gaulle derrière le député des Deux-Sèvres encore inconnu des services de l'ambassade. C'est d'ailleurs seulement un mois après que Lebon se manifestera à l'Assemblée dans le débat sur la CED pour y déclarer son hostilité au projet d'une armée européenne [18]. L'inspiration de de Gaulle n'est pas strictement avérée, en revanche l'opposition à la Communauté européenne de Défense est bien caractéristique, entre autres, de la sensibilité gaulliste. Le général y voyait la mainmise américaine sur l'Europe. Comme le rappelle Georgette Elgey, *« son ironie se fait cinglante contre les défenseurs de la CED, 'les occupants de la République larmoyante et flageolante' »* [19]. Cette sensibilité s'exprime également lors de la deuxième visite de Lebon à l'ambassade de Pologne, le 29 octobre, au cours de laquelle il évoque sa méfiance envers ceux qui entretiennent les tensions de la guerre froide ainsi que son souhait de contribuer à un changement de la politique étrangère de la France en l'ouvrant davantage à l'Est et même « en l'appuyant sur une alliance [sic !] avec l'URSS et la Pologne » [20]. Le terme d'« alliance » (« sojusz »), certes fort, est rapporté par l'interlocuteur polonais de Lebon. Ce dernier serait allé jusqu'à proposer à ce diplomate le principe d'une entrevue avec de Gaulle. Le représentant du gouvernement de Varsovie se limite à prendre bonne note de cette proposition, sans pourtant s'engager.

Les communistes français sont l'autre grande force politique opposée à la ratification du traité sur la CED. Et c'est là qu'interviennent des considérations d'ordre politique intérieur : Lebon mentionne l'importance du résultat des élections présidentielles prévues en décembre 1953 pour l'issue des débats parlementaires sur l'armée européenne. Esquissée lors de la rencontre du 29 octobre, l'évocation d'un soutien souhaitable de la part de communistes français à un candidat opposé à la CED devient très claire quatre semaines plus tard, sans qu'aucun nom possible ne soit mentionné. On pense naturellement à son mentor, Daladier. Peut-être ce dernier cherchait-il en effet à se profiler comme candidat possible à la présidence de la République ; il aurait alors besoin du soutien quelque peu iconoclaste des communistes. L'opposition claire à la CED était susceptible de créer un rapprochement entre le PCF et l'homme qui, en tant que radical, avait certes participé au gouvernement du Front populaire en 1936 avec les socialistes et le soutien des communistes, mais que ces derniers considéraient comme un traître à la gauche depuis qu'il avait dissous le PCF en septembre 1939 (à la suite de la signature du pacte de non-agression germano-soviétique, Molotov-Ribbentrop) [21].

Personne côté polonais ne pense alors raisonnablement qu'une telle stratégie électorale puisse être en faveur d'un autre homme politique que Daladier – par exemple au bénéfice de de Gaulle ; connaissant l'aversion du général pour le régime de la IVe République, dont il avait commenté la constitution par l'exclamation « Non, franchement non ! » du discours d'Epinal [22], il n'était en effet guère plausible qu'il prétende le cautionner en briguant un mandat de président. L'ambassade de Pologne note en tout cas que Lebon n'a pas manqué de « flatter avec insistance les talents parlementaires de Duclos » au cours de la conversation [23]. La consultation des « amis français » (autrement dit des communistes français) par des membres de l'ambassade confirme, aux yeux des Polonais, la volonté de Daladier de « jouer à 100 % la carte du Front populaire ». Ogrodziński rapporte à son ministère que le PCF compte d'ailleurs entrer dans ce jeu en préparant une déclaration commune contre la CED, incluant également d'autres détracteurs non communistes, par exemple Jacques Soustelle [24]. Il conclut : *« Ce serait la première action politique commune des communistes avec des représentants majeurs des partis réactionnaires [sic !] en France depuis 1947. »* [25]

Il est à noter que l'initiative Lebon-Daladier (comme on pourrait l'appeler) arrive à point nommé pour la Pologne qui, si l'on en croit l'ambassadeur de France à Varsovie, Etienne Dennery, cherche justement à se rapprocher diplomatiquement de la France depuis le premier semestre de l'année 1953 ; Dennery précise même dans un télégramme adressé à Paris que « le sujet [des intérêts communs de la France et de la Pologne] est de mode [...] dans la presse polonaise ». Et d'ajouter que lors d'une entrevue avec le ministre polonais des Affaires étrangères, Stanisław Skrzeszewski, ce dernier avait déclaré « avec beaucoup d'emphase [...] que 'la France et la Pologne à propos de l'Allemagne devaient lutter dans la même direction' » [26], insistant sur le potentiel d'agression allemand et la menace que ferait planer sur la paix et la sécurité européenne le réarmement de la RFA. Dennery s'était alors borné à défendre la position officielle du gouvernement de la France, favorable à la CED. Les arguments polonais ne sont pas sans rappeler ainsi ceux des détracteurs français du traité de la CED, notamment de Daladier. Il serait cependant erroné de voir dans la démarche de Daladier une simple tactique électorale. Ses notes personnelles révèlent que sa position sur la question allemande remonte au moins à 1950, et s'alimente aussi de son expérience d'avant-guerre. A propos du réarmement allemand, il avait déjà essayé de peser le pour et le contre : *« Pour : supériorité des forces militaires de l'Est ; il manque 20 div[isions] pour défendre l'Elbe, [...] comment s'y battre efficac[emen]t si les All[eman]ds ne participent pas à la défense ? [...] Contre : risques psycho[logiques] et moraux et surt[ou]t risques matériels : soit d[an]s l'immédiat, risque de guerre avec Staline ; soit à longue échéance, alliance germano-russe par rétrocession [de] territoire polonais. Tradition Bismarck. [...] »* [27]. Ailleurs, révélant ainsi quelque hésitation, il écrit : *« Pour : Laissons donc l'histoire (Bismarck, Rapallo, le Pacte germano-soviétique) et nous voulons faire une politique réaliste. Les All[eman]ds : les seuls à connaître les conditions de vie en Russie – ils l'ont envahie, envahis par elle – souvenirs de l'occupation soviétique ne faciliteront pas une orientation pro-soviétique de la politique allemande. [...] »*. On remarquera que le sentiment partagé, entre la nécessité d'un dispositif de défense de l'Europe occidentale et la peur de l'Allemagne n'était pas propre à Daladier, mais concernait, au fond, toute la classe politique française de la IVe République ; la grande différence entre pro- et anti-

CED résidait pour l'essentiel dans l'évaluation du risque d'instrumentalisation d'une future armée européenne par l'Allemagne (la RFA) dans le but de reconquérir ses territoires perdus à l'est au bénéfice de la Pologne. Daladier quant à lui faisait partie de ceux qui craignaient la renaissance d'un péril germanique par la reconstitution d'un « grand Reich allemand » [28].

Dialogue semi-officiel franco-polonais

La crainte du grand voisin allemand constitue ainsi le point de rapprochement entre détracteurs français et polonais de la CED. Logiquement, la question du réarmement allemand appelle un besoin de garantie du *statu quo* territorial européen, autrement dit la nécessité d'une reconnaissance des frontières décidées à Yalta et à Potsdam. Or, sous la pression de la guerre froide, les Alliés occidentaux tiennent encore à ménager la susceptibilité de la RFA concernant la frontière orientale définitive de l'Allemagne ; sans remettre en cause la nouvelle frontière occidentale de la Pologne sur l'Oder-Neisse, les Etats-Unis, le Royaume-Uni et la France s'en tiennent au début des années cinquante à la position de principe selon laquelle les frontières de l'Allemagne ne pourront être reconnues officiellement que lors d'une conférence de paix. Le fait qu'en raison des tensions Est-Ouest, cette dernière soit remise aux calendes grecques empêche le règlement juridique du problème et laisse en suspens cette question sensible, en dépit de la reconnaissance *de facto* assurée du fait de la présence des troupes américaines et soviétiques en Europe.

La corrélation entre la question de la sécurité européenne et la reconnaissance de la ligne Oder-Neisse, qui fait partie de la raison d'Etat polonaise, prend ainsi une importance croissante dans les milieux français hostiles au réarmement allemand. Certes, la France de la IVe République, pas plus que celle de la IIIe, n'est prête à « mourir pour Dantzig » [29] ; néanmoins, des voix se font entendre pour défendre le droit de la Pologne à disposer des anciens territoires allemands de Silésie et de Poméranie, et pour dénoncer le révisionnisme latent du gouvernement ouest-allemand. Ainsi notamment se trouve motivée l'initiative Lebon-Daladier présentée à l'ambassade de Pologne à l'automne 1953, en rapport (indirect) avec le débat français sur la CED : il s'agit de la visite d'une délégation de députés de l'Assemblée nationale dans les « Territoires recouvrés » de l'ouest polonais, afin de se rendre compte sur place de l'importance de ces régions pour la Pologne d'après-guerre. La proposition du 15 octobre n'était pas encore si précise : « une excursion d'un groupe de députés en Pologne » [30]; elle s'étoffe au fil des rencontres et du dialogue qui s'instaure entre Lebon et l'ambassade (Ogrodziński), si bien que fin novembre, le Quai d'Orsay informe l'ambassade de France à Varsovie en ces termes : *« Une délégation de députés français, venant de Paris, compte arriver à Varsovie par avion le samedi 5 décembre vers 15 heures et séjourner en Pologne jusqu'au 11 décembre. [...] Ces parlementaires, qui vous rendront visite à leur arrivée, vont en Pologne dans le but de se faire une opinion sur la question des territoires situés à l'est de la ligne Oder-Neisse. »* [31]

La date du voyage, d'abord flottante à cause de l'incertitude sur la date de l'élection présidentielle [32] et des débats parlementaires sur le traité de la CED, est finalement fixée – sans intention manifeste des organisateurs et malgré les mises en garde de Dennery depuis Varsovie – au moment de la conférence des Bermudes qui doit réunir les Etats-Unis, le Royaume-Uni et la France pour discuter du règlement des conflits coréen et indochinois [33]. Cette concomitance sera finalement récupérée et utilisée par la propagande communiste polonaise le moment venu, « *confér[ant] [au] déplacement [des députés français] le caractère d'une manifestation* » [34].

La composition de la délégation parlementaire française va se révéler quant à elle beaucoup plus fluctuante, ce qui donne lieu à un abondant échange de notes et de télégrammes entre Paris et Varsovie, aussi bien par le canal de l'ambassade de France que par celui de l'ambassade de Pologne, même jusqu'à la veille du départ. Une dizaine, puis quinze et enfin neuf noms sont retenus pour participer à l'excursion, sur proposition de Lebon, en consultation avec Daladier et l'ambassade de Pologne. Certains hésitent, s'avancent, promettent puis se désistent – parfois sous la pression de leur parti [35], comme il probable dans le cas du député MRP [36] Jean Cayeux ; d'autres les remplacent. Très vite, la liste devient un panaché du paysage politique français, dans lequel tous les principaux courants sont représentés, à l'exception notable des communistes, afin de ne pas donner de munitions aux détracteurs qui taxeraient vite la délégation d'être à la solde de Moscou :

- Arthur Conte (Section Française de l'Internationale Ouvrière, SFIO), député des Pyrénées-Orientales ;
- Edouard Daladier (Rassemblement des Gauches Radicales, RGR), député du Vaucluse ;
- Marcel Darou (SFIO), député du Nord ;
- André Denis (MRP), député de la Dordogne ;
- Joseph-Pierre Lanet (Union Démocratique et Socialiste de la Résistance, UDSR), député de la Seine ;
- Pierre Lebon (URAS), député des Deux-Sèvres ;
- Le commandant Georges Loustaunau-Lacau (indépendant), député des Pyrénées-Atlantiques ;
- Jacques Soustelle (RPF/URAS), député du Rhône ;
- Jacques Verneuil (RGR), député de Charente-Maritime. [37]

On notera en particulier parmi les désistements de début décembre 1953 celui de François Mitterrand (UDSR, député de la Nièvre), qui avait d'abord envisagé sa participation au voyage. On remarquera aussi qu'à part Darou et Lanet, les autres députés représentent curieusement des départements méridionaux, assez éloignés de la question allemande. Il faut plutôt chercher la cause de l'intérêt témoigné pour la CED dans la biographie des députés, dont la plupart sont d'anciens résistants. On s'étonnera enfin de la présence de Loustaunau-Lacau dans un groupe conduit par Daladier : en mars 1938, ce dernier, alors vice-président du conseil et ministre de la Défense, l'avait démis de ses fonctions au service du renseignement militaire pour conduite aventureuse (Loustaunau-Lacau avait mis en place une cellule proche de la « Cagoule », chargée de la lutte anti-communiste dans l'armée française) [38].

Ce petit groupe suscite bien sûr l'attention du ministère polonais des Affaires étrangères qui demande à son ambassade parisienne de collecter le plus possible de renseignements sur chacun des parlementaires. Il s'agit certes de savoir d'abord à qui l'on a à faire, mais aussi de juger la « perméabilité » des députés français à la propagande communiste polonaise. En effet, si certains, comme Daladier ou Lebon, sont fermement opposés à la CED, d'autres restent encore indécis ; c'est sur eux que se portera l'effort des hôtes polonais de la délégation. La partie polonaise comprend donc immédiatement le bénéfice qu'elle peut retirer de cette entreprise :

agir indirectement sur le débat français pour essayer d'imposer le « non à la CED ». Les déclarations préalables des députés, Daladier en tête, sur le caractère « privé » du voyage n'y changeront rien. L'ambassade de France à Varsovie accueillera d'ailleurs la délégation en rappelant aux participants les risques politiques que l'excursion présente : « *Je n'ai pas manqué d'avertir mes hôtes et de les mettre en garde contre toute déclaration qui pourrait être sollicitée d'eux. J'ai insisté sur le fait que le contentieux franco-polonais demeurait lourd et que nous avions plusieurs de nos ressortissants en prison depuis plusieurs années. Mes interlocuteurs m'ont affirmé qu'ils comprenaient la nécessité d'observer une attitude réservée.* » [39] Ogrodziński envoie donc plusieurs dépêches consacrées à la sensibilité politique et au caractère de chaque député, s'inspirant notamment de conversations menées avec des représentants du PCF, dont Duclos en personne [40]. Ce dernier n'hésite pas à prodiguer des conseils à son interlocuteur polonais sur les arguments à utiliser dans les discussions prévues en Pologne, afin d'incliner les députés à un rapprochement franco-polonais et ainsi franco-soviétique. Rien ne doit être laissé au hasard, surtout pas le protocole ; le diplomate polonais prévient sa centrale que « *déjà Stendhal avait caractérisé la petite et la grande bourgeoisies françaises comme 'vaniteuses'[!], c'est-à-dire très sensibles aux marques extérieures de respect* » [41].

Enfin, la dernière prise de pouls avant la date du départ a lieu lors d'un dîner organisé par l'ambassade de Pologne le 3 décembre. Cette soirée donne à Daladier l'occasion de s'exprimer sur des sujets de politique extérieure ; il défend ainsi l'idée selon laquelle « la seule garantie efficace contre la renaissance du militarisme allemand serait une alliance franco-russe [sic !] ». Il en profite alors également pour essayer de se justifier par rapport aux accords de Munich, en soulignant avec insistance la lourde responsabilité britannique selon lui [42].

La délégation française en Pologne. Déroulement du séjour

Au moment du départ, la délégation se comporte de façon conséquente par rapport aux questions pressantes des agences de presse. Daladier notamment refuse toute déclaration. L'ambassade de Pologne joue le jeu, en se limitant à une réponse laconique aux journalistes curieux : neuf députés français font un voyage en Pologne. A en croire Ogrodziński, le petit groupe de parlementaires a fait « forte impression parmi le personnel de l'aéroport parisien ». Il rapporte ainsi avoir entendu des remarques comme : « Bon, s'ils vont là-bas, il n'y aura pas de guerre, et l'armée européenne est foutue » [43], qui rappelle étrangement l'état d'esprit de nombreux Français en 1938, au moment des accords de Munich ; n'avaient-ils pas alors acclamé Daladier avec soulagement (et naïveté...) à son retour d'Allemagne, croyant avoir évité de justesse la guerre contre Hitler ?

On se limitera ici à donner les étapes du périple de la délégation pour mieux saisir l'accent que le régime polonais souhaitait donner à cette visite. Arrivés à Varsovie le 5 décembre, les parlementaires se rendent ensuite sur le littoral baltique, à Dantzig (Gdańsk), Gdynia et Sopot. Cette visite de l'ancienne ville libre de Dantzig, pomme de discorde entre l'Allemagne et la Pologne avant 1939, a bien sûr une grande valeur symbolique ; Gdynia et Sopot concentrent quant à elles les principales nouvelles installations portuaires de la Pologne communiste, sa porte sur le commerce maritime international. Une visite rapide était prévue également dans le port de Szczecin, l'ancienne Stettin – si convoitée par l'Allemagne d'après-guerre – située à l'embouchure de l'Oder ; toutefois, cette étape sera annulée, officiellement pour cause météorologique. Se référant à d'autres sources, le Haut-Commissariat de la République française en Allemagne (RFA) rapporte que la raison de ce changement de programme est peut-être de nature plus politique : des travaux de fortification seraient en cours le long de l'Oder, près de Szczecin, pour défendre la ville en cas d'attaque allemande – des faits peu en accord avec la rhétorique de l'entente entre frères communistes de Pologne et de RDA... [44] Il n'a pas été possible de trancher la question, faute de sources concordantes. Les informations sur lesquelles s'appuie le Haut-Commissariat sont peut-être un peu biaisées, puisqu'elles ont été fournies notamment par la presse des réfugiés allemands (déplacés de Pologne).

La suite du voyage comporte un survol des vallées de l'Oder en direction de Wrocław (ancienne Breslau), en Basse-Silésie ; cette ville, grande métropole industrielle en plein essor, constitue une étape importante, car le régime varsovien souhaite, depuis le début de la reconstruction, en faire une vitrine de la réussite polonaise dans les territoires anciennement allemands [45]. Les autorités locales en profitent pour montrer aux députés français des archives prussiennes conservées après le départ des Allemands, témoignant de la politique germanisatrice et anti-polonaise de la Prusse dans ces territoires présentés comme « terres ancestrales de la Pologne ». Puis, le parcours organisé passe par Cracovie, perle du patrimoine polonais, miraculeusement sauvée du désastre de la destruction. On ne manque pas de faire visiter aux Français Nowa Huta, nouveau fleuron de l'industrie métallurgique et sidérurgique polonaise, situé aux portes de Cracovie ; ce grand complexe a fait naître autour de lui une ville ouvrière, censée faire contrepoids à Cracovie, trop bourgeoise d'après l'idéologie marxiste en vigueur. C'est l'occasion de mettre en valeur la modernisation de l'économie polonaise, traditionnellement très agricole, pour informer les députés et susciter l'intérêt potentiel de partenaires commerciaux français. Daladier se montre en effet frappé par les succès de l'industrie polonaise [46].

Une excursion à Auschwitz marque le point d'orgue du périple, moment de recueillement en mémoire des millions de victimes polonaises du nazisme. A l'époque, le sort particulier des Juifs polonais n'est pas mis en exergue par le régime, désireux avant tout de fédérer la nation polonaise indistinctement dans un sentiment anti-allemand. On suppose que la visite de ce camp d'extermination a dû faire grande impression parmi les députés français, en particulier sur Daladier lui-même, qui avait été déporté dans le camp de concentration de Buchenwald en 1943 [47]. De retour à Varsovie, une rencontre est organisée le 10 décembre avec les membres du groupe parlementaire polono-français du Sejm (Parlement polonais), en présence des écrivains Jarosław Iwaszkiewicz – président du Comité polonais des Partisans de la Paix – et Jerzy Putrament – membre de la Commission parlementaire des Affaires étrangères et chargé de mission de la Pologne en France [48]. Après quelques témoignages réciproques de la longue amitié franco-polonaise vient enfin le moment du retour en France, alors que les premiers échos de ce voyage sont déjà lisibles dans la presse française, allemande et britannique.

Echo et perception. Réactions en France et à l'étranger

Les premières réactions au voyage entrepris par le petit groupe conduit par Daladier se manifestent avant même le retour de la délégation. Le premier journal mentionnant le voyage est le *Franc-Tireur*, dès le 5 décembre – jour du départ. Il est suivi le lendemain par *Le Monde* et *L'Information*, ainsi que *France-Soir* ; deux autres grands journaux, *Libération* et *Le Figaro*, réagissent le 7 et continuent, de même que *Le Monde*, à parler de l'excursion à un rythme quotidien, suivis par *L'Aurore*. *L'Humanité* se borne à un bref entrefilet de l'Agence France Presse (AFP), restant curieusement silencieux jusqu'au retour des parlementaires, le 11, sans doute par prudence ; il est vrai que le journal s'était déjà bruyamment manifesté contre la CED début novembre, utilisant à maintes reprises le levier de l'antigermanisme [49]. *Combat* attend la mi-décembre pour publier alors les déclarations à la presse de Lebon et de Daladier. Pendant le séjour, l'ambassade de Pologne à Paris transmet le compte rendu de ces publications à Varsovie sous la forme d'une revue de presse succincte, afin de donner la possibilité au ministère polonais des Affaires étrangères de réagir en conséquence. Ainsi, la représentation diplomatique polonaise met-elle en garde sa centrale contre la tournure parfois trop officielle du voyage, qui pourrait nuire au résultat final en alimentant le discours des plus virulents détracteurs en France comme à l'étranger [50]. C'est pourtant le côté confidentiel de l'entreprise qui suscite les plus vives rumeurs, donnant lieu aux interprétations les plus diverses quant à son inspirateur et à son objectif. 'A qui profite le crime ?', croit-on lire entre les lignes dans les colonnes du *Figaro* du 8 décembre, sous la plume de Marcel Gabilly. Au retour de Daladier et de son groupe, les déclarations successives de la plupart des participants contribuent finalement à lever un peu plus le voile sur l'initiative de ce voyage. La déclaration de Lebon est la plus décidée (mais Daladier va dans le même sens) : « *Je suis rentré en France profondément convaincu, et cette conviction je la motiverai au moment opportun, que rechercher des formules de défense européenne, des formules de détente, est tout simplement chimérique, est tout simplement contraire à l'honneur, est tout simplement un acte de légèreté irréfléchie si ces recherches ne sont pas précédées par une reconnaissance solennelle de l'inviolabilité de la frontière Oder-Neisse occidentale, véritable ligne de démarcation entre la paix et la guerre, et cela conformément aux promesses qu'a reçues la Pologne soit d'une façon absolument formelle soit dans le cadre d'autres engagements des participants à la conférence de Potsdam.* » [51] Il faut mettre cette prise de position en rapport avec l'hostilité à la CED, manifestée par le même député le 19 novembre 1953 devant l'Assemblée : « *Avant de mettre l'Allemagne à notre niveau, avant de nous fondre avec elle, la plus élémentaire prudence exige une longue, très longue période expérimentale afin que soit acquise la certitude que l'Allemagne n'est plus l'Allemagne, du moins celle que nous avons connue. Les funérailles de la France, nous n'en voulons pas !* » [52] On note que l'argument polonais est dès lors bien intégré dans la critique du projet d'armée européenne avec participation ouest-allemande.

Les comptes rendus de la presse française sont somme toute assez succincts. Les grands quotidiens servent avant tout de porte-voix aux parlementaires au retour du voyage. Les attaques contre le groupe de députés sont lancées essentiellement par les journaux de droite, notamment *Le Figaro* et *L'Aurore* [53]. Quoi qu'il en soit, on peut trouver des échos de cette entreprise dans les journaux pendant près d'une semaine après le retour de Pologne (*L'Humanité* : 14, 15, 21 décembre ; *Paris-Presse* : 19 décembre ; *France-Soir* : 15 décembre ; *Le Figaro*, *Libération*, *Combat* : 14 décembre ; *Le Monde* : 15 décembre ; *Rassemblement*, *L'Observateur* : 17 décembre). En tout, on compte plus d'une trentaine d'occurrences (articles, entrefilets, déclarations) sur une période de deux semaines, pendant et après le voyage. Pendant ce temps en Pologne, le pouvoir communiste tente d'exploiter le plus possible l'événement dans le cadre d'une vaste campagne pro-française bien calculée. Comme le rapporte l'ambassade de France à Varsovie, la presse polonaise insiste sur la « tradition séculaire » de « l'amitié franco-polonaise ». De plus, le régime saisit l'occasion pour flatter l'ego hexagonal en glorifiant la grandeur française. Dennery cite : « la France ardente et généreuse, celle de la Révolution et de la Résistance ». La Pologne populaire introduit clairement la problématique de l'armée européenne, mettant en exergue l'opposition que suscite en France le projet de la CED, et « l'humiliation » que représente pour les Français la conférence des Bermudes. Le mot est fort ; à Varsovie, on cherche à diffuser l'idée selon laquelle la France n'a pas la place qu'elle mérite dans le camp occidental, alors que *« la Pologne lui ouvr[e] les bras, et derrière elle, la puissante République soviétique [sic] et tous les peuples pacifiques, y compris la République démocratique allemande [...] ».* [54]

Tout cela est évidemment cousu de fil blanc, et l'on sent toute la lourdeur de l'appareil de la propagande au service de la politique extérieure du bloc soviétique. Toutefois, il ne faut pas dénier à la Pologne toute initiative en la matière. Elle prouvera encore sa force de proposition à la fin des années cinquante avec le plan Rapacki de désarmement nucléaire en Europe centrale – certes en accord avec la politique étrangère de l'URSS [55]. Néanmoins, l'excursion des députés français ainsi que la campagne de presse polonaise en faveur de la France et contre la CED, combinée à diverses déclarations en faveur d'une reconnaissance de la ligne Oder-Neisse sont des faits de nature à susciter au mieux l'incompréhension, au pire la désapprobation de la République fédérale. En effet, les informations françaises rapportent dès le 8 décembre qu'« à Bonn on s'inquiète sérieusement de ce voyage » ; Ogrodziński transmet cela à Varsovie, sans préciser la source. André François-Poncet, Haut-Commissaire de la France en Allemagne (de l'Ouest) fait état dès le 7 décembre de « la méfiance » et de « l'anxiété » des « milieux politiques de Bonn » [56]. Face au mystère qui entoure les motivations exactes de la délégation, certains hommes politiques ouest-allemands craignent « l'encerclement de l'Allemagne » par la France et la Pologne, destiné à obliger les Allemands à la renonciation définitive aux territoires situés à l'est de la ligne Oder-Neisse [57].

Dans les jours qui suivent, l'impression décrite par le représentant français en Allemagne s'accentue encore ; celui-ci note *« une sérieuse émotion »*, et ajoute qu'*« il n'est pour ainsi dire pas de parlementaire ou de fonctionnaire allemand avec qui [il] [s]e soi[t] entretenu [...], qui n'ait aussitôt abordé ce sujet. Tous se montraient intrigués et frappés [...] »*. Dans le contexte des difficiles pourparlers franco-allemands sur le statut de la Sarre, la crainte de l'encerclement – qui hantait déjà le 'chancelier de fer', Bismarck, en son temps – fait naître des hypothèses très élaborées quant aux liens franco-polonais et franco-soviétiques. Le journal ouest-allemand *Kölnische Rundschau*, proche du gouvernement chrétien-démocrate de Konrad Adenauer, se demande si Moscou « ne rechercherait pas un accord avec la France, aux termes duquel celle-ci reconnaîtrait la ligne Oder-Neisse comme frontière d'une Allemagne neutralisée, contre l'acceptation par l'URSS du détachement politique de la Sarre » [58].

L'idée d'un accord franco-soviétique aux dépens de la RFA s'alimente en partie, mais pas seulement, du parallèle dressé par certains indépendantistes et autonomistes sarrois entre la Pologne et la Sarre. Le ministre-président de la Sarre, Johannes Hoffmann, soutenu politiquement par la France, avait affirmé dans un article paru fin janvier 1953 que « la même menace plane à l'avenir sur la Pologne et sur la Sarre », celle du « révisionnisme allemand » [59]. On ajoutera que la même personne s'était exprimée en des termes analogues dans une interview pour un journal polonais destiné aux Polonais émigrés, *Narodowiec*, comme en témoignent les archives du ministère ouest-allemand des Affaires étrangères [60]. On y découvre que la déclaration de Hoffmann, jugée grave et irresponsable, avait même été mentionnée dans un aide-mémoire du gouvernement fédéral en rapport avec la question sarroise. A propos du complexe d'encerclement allemand, on notera encore que le parallèle entre la Sarre et l'ouest polonais a pu être à l'origine de la peur inverse, celle de la Pologne, au moment où des rumeurs circulaient sur une possible entente Est-Ouest sur la question allemande, après la publication de la note de Staline du 10 mars 1952 [61] ; l'ambassade de Pologne à Paris avait évoqué le risque de voir se concrétiser un accord favorable à l'Allemagne au détriment de la Pologne [62] ; on craignait alors une modification de la frontière occidentale de la Pologne et on formulait l'idée que pour obtenir l'appui français, il pourrait être décidé de lui céder la Sarre. L'ambassade avait alors précisé qu'il s'agissait de « rumeurs », mais l'on sait à quel point celles-ci constituent un facteur important dans les relations internationales et la prise de décision en politique étrangère.

Il faut préciser enfin que la Sarre avait déjà été un sujet de discorde non seulement entre la France et la RFA, mais encore entre la France et la Pologne, là encore en raison de la mise en parallèle des deux questions frontalières (franco-allemande et germano-polonaise). Le Quai d'Orsay avait pris la peine de publier en 1950 une déclaration dans laquelle il justifiait les revendications françaises en faveur d'une annexion de la Sarre, tout en faisant nettement la distinction par rapport à l'annexion des territoires ci-devant allemands de l'Oder-Neisse par la Pologne, dont le règlement légal « restait en suspens ». La Pologne s'était offusquée, par l'intermédiaire de son représentant en France (J. Putrament), de cette désolidarisation par la France [63].

Si l'on en revient aux réactions de la presse ouest-allemande au voyage des députés français en Pologne, il faut bien constater qu'elles ne sont pas à proportion de l'émoi constaté dans les cercles politiques. Le Haut-Commissariat français à Bonn suppose que « la Chancellerie fédérale et son Service de Presse se sont [...] employés à empêcher que la visite effectuée par des parlementaires français dans les provinces annexées par la Pologne au-delà de la ligne Oder-Neisse ne provoque, dans les journaux de l'Allemagne de l'Ouest, de trop vives réactions » [64]. Les journaux sont en tout cas unanimes quant aux conséquences fâcheuses que représente pour l'Allemagne ce rapprochement franco-polonais. Certains, notamment la *Frankfurter Allgemeine* ne manquent pas d'égratigner au passage le député Daladier, comme le cite le Haut-Commissariat : « *Daladier, l'homme qui, une fois déjà, s'était acquis une gloire douteuse, n'hésite pas à témoigner son admiration pour les résultats obtenus par les communistes polonais dans la reconstruction de leur pays. Il souligne l'amitié du peuple polonais pour la France et affirme que la ligne de l'Oder-Neisse est une frontière définitive. On surmonte ainsi une hostilité déclarée envers les communistes et l'on reporte sur un régime satellite de Moscou une amitié traditionnelle entre deux peuples, l'essentiel étant la communauté de vues lorsqu'il s'agit de maintenir au sol l'Allemagne. [...]* » [65] On terminera ce tour d'horizon des échos suscités par le voyage en mentionnant la presse anglo-saxonne, en particulier britannique. Aussi bien le *Times* que le *Daily Express* notent l'ambiguïté de la politique étrangère française. La France est également invitée à ne pas oublier son engagement atlantique. Le magazine américain *Time*, qui attribue la paternité de l'initiative à Lebon, met en garde quant à lui contre les sirènes soviétiques qui risqueraient bien de dévoyer la France [66].

Conséquences en matière de politique étrangère française

Il faut à présent mesurer l'impact du voyage entrepris par les neuf députés français à l'aune de la politique étrangère française, telle qu'elle s'applique au cours des mois suivants. Daladier, enthousiaste à son retour de Pologne, s'entretient avec Ogrodziński dès le 12 décembre, lendemain de son retour à Paris. Il lui présente concrètement ses intentions en vue d'un rapprochement de la France avec le bloc de l'Est : « *La Pologne est un pont entre la France et la Russie [sic]. Le rapprochement de la France avec la Russie est plus facile à réaliser sur fond de rapprochement franco-polonais, étant donné que joue en France le facteur psychologique de l'amitié traditionnelle avec la Pologne ; cela contribuerait à vaincre les réticences antisoviétiques. Or, le renouvellement de l'alliance avec l'URSS est actuellement ce dont la France a le plus besoin en matière de politique extérieure.* » [67]. Pour préparer le terrain, Daladier propose de créer un groupe d'amitié franco-polonaise à l'Assemblée nationale [68]. Il exprime également son intention de s'entretenir à ce sujet avec le ministre des Affaires étrangères, Georges Bidault, s'appuyant – dit-il – sur le soutien de l'ambassadeur de France à Varsovie, Dennery. Lebon manifeste lui aussi son intérêt pour une politique de rapprochement lors d'une visite à l'ambassade de Pologne, le 15 décembre [69].

L'intervention de Daladier et de Lebon au retour de Pologne fait assez forte impression sur le diplomate polonais qui décide de contacter son homologue soviétique à Paris, Sergeï Vinogradov, pour sonder sa réaction. Ce dernier « confirme sans hésitation » que la formule du rapprochement indirect entre la France et l'URSS par l'intermédiaire de la Pologne correspond tout à fait à ce que recherche Moscou : « Il faut utiliser tous les chemins possibles conduisant à un rapprochement franco-soviétique » [70]. Le diplomate soviétique est d'ailleurs déjà au courant, étant donné que Soustelle et Lebon se sont mis en rapport avec lui parallèlement à leurs démarches auprès de l'ambassade de Pologne. La réponse à l'ouverture à l'Est proposée par Daladier arrive au cours de l'été 1954, quelques jours seulement avant le vote de l'Assemblée qui devait décider du rejet de la CED. Le 25 août 1954, l'ambassadeur de Pologne en France, Stanisław Gajewski, adresse une lettre au ministre français des Affaires étrangères, Pierre Mendès France, dans laquelle il attire son attention sur les risques d'une acceptation de la CED ; la lettre est accompagnée d'une note proposant la conclusion d'un pacte d'alliance et d'assistance mutuelle entre la France et la Pologne [71]. Ce projet n'est pas entièrement nouveau : des pourparlers avaient déjà été engagés au cours de l'année 1946 [72], puis suspendus en 1947/48 à cause du début de la guerre froide. Toutefois, l'initiative Lebon-Daladier a dû contribuer nettement à la réactivation du projet par la Pologne [73] – en accord avec Moscou [74]. Le Quai d'Orsay se montre surpris et mal à l'aise, la réponse se fait attendre – suscitant d'abord quelque impatience de la part des diplomates polonais [75]. Il faut dire que Mendès France est dans une situation très délicate, à l'intérieur et surtout par rapport aux Alliés occidentaux [76]. La réaction officielle de la

France, au sortir de l'échec du débat parlementaire sur l'armée européenne, n'est finalement guère favorable à la proposition polonaise. Paris doit réparer les pots cassés, et s'adapter aux nouvelles propositions occidentales concernant le réarmement allemand ; la remilitarisation de l'Allemagne (de l'Ouest) se révèle « inéluctable », selon un interlocuteur français de l'ambassade de Pologne à Paris. La question d'une alliance franco-polonaise (et par extension d'un rapprochement franco-soviétique) est remise *sine die*, au moment où la France doit resserrer les liens avec ses partenaires occidentaux afin de trouver une solution à la question de la défense de l'Europe occidentale. De même, la reconnaissance officielle immédiate de la ligne Oder-Neisse par la France n'est plus à l'ordre du jour... [77]

Bilan : valeur historiographique de la reconstitution des faits

Dans le contexte de relative instabilité ministérielle qui caractérisait la seconde partie de la IVe République, il ne faut probablement pas sous-estimer l'effet de l'initiative Lebon-Daladier sur le débat français concernant la CED. Mis à part le seul député MRP (André Denis), venu en observateur, chacun des participants a joué un rôle de multiplicateur dans les rangs de son groupe parlementaire, pour gagner des voix défavorables à l'armée européenne : les communistes, absents du voyage, étaient convaincus : certains gaullistes hésitants auront conforté leur opinion défavorable sous l'influence de Lebon et Soustelle. Quant à l'opposition d'une partie des radicaux [78] et des socialistes, elle doit certainement beaucoup au lobbying de Daladier et Verneuil d'une part, Conte, Darou et Lanet d'autre part. *In fine*, c'est bien la peur d'une Allemagne forte et dotée de moyens militaires qui a entraîné le rejet de la CED à 319 voix contre 263. Il serait néanmoins hasardeux de vouloir retracer l'histoire du processus ayant conduit au vote négatif de l'Assemblée nationale, en ne s'appuyant que sur la démarche des neuf députés français comme facteur unique d'explication. Ce serait là surestimer sa valeur. Lors de la journée fatidique, les derniers indécis auront été persuadés davantage, à n'en point douter, par le ton vibrant et pathétique sur lequel Edouard Herriot, déjà très malade, lança dans l'Hémicycle, pour ainsi dire en guise de testament politique : « *Pour nous, la Communauté européenne, laissez-moi vous le dire comme je le pense au seuil de ma vie, en résumant dans cette conviction tous les efforts que j'ai pu faire : pour moi, pour nous, la Communauté européenne, c'est la fin de la France.* » (Applaudissements à l'extrême gauche, sur de nombreux bancs à gauche et à l'extrême droite et sur plusieurs bancs à droite.) *Ce ne serait peut-être pas la fin de la France avec un pays qui ne nous aurait pas plusieurs fois trompés. Mais nous avons connu et subi, de la part de ce pays, de telles déviations du droit que je suis fondé, moi qui suis un vieillard, moi qui vais disparaître, à vous dire affectueusement, non pas sur le ton de la menace, mais du fond du cœur : « Méfiez-vous de ne pas avoir à regretter un acte que vous ne pourriez plus réparer, un acte que vous ne pourriez pas reprendre.* » [79] D'autres faits enfin, de portée géopolitique, comme la mort de Staline en 1953 et le début consécutif d'une décrispation dans les relations Est-Ouest, ont joué un rôle notable. Par ailleurs, le facteur psychologique – sans parler des lourdes pertes – de la chute de Diên Biên Phu (le 13 mai 1954) et le sentiment d'humiliation militaire et nationale que celle-ci a suscité en France ne doivent pas être négligés.

Si l'on replace donc le voyage de Daladier en Pologne dans son contexte en lui donnant la valeur qu'il mérite, on retiendra que :

- la reconstitution des faits présentés permet tout d'abord d'éclairer les imbrications Est-Ouest des débats concernant la question allemande, non seulement au niveau des deux superpuissances américaine et soviétique, mais également au niveau des Etats européens situés de part et d'autre du rideau de fer ;
- elle met mieux en lumière les liens qui existent entre les rapports franco-allemands d'une part (notamment la question du statut de la Sarre) et les relations germano-polonaises d'autre part (le problème de la ligne Oder-Neisse) au cours des années cinquante ;
- elle souligne la dimension 'trans-européenne' de l'intégration de l'Europe, par delà la division imposée par la guerre froide, en rappelant la part que l'Est prit dans les débats occidentaux sur l'avenir de l'Europe et la perspective d'une unification du continent. On remarquera à ce propos que la recherche portant sur les projets de construction européenne nés à l'est du rideau de fer n'en est encore qu'à ses balbutiements [80] ;
- au passage, on aura pu recadrer l'image un peu datée que l'historiographie a gardée de la personne d'Edouard Daladier, en démontrant qu'il a été, même sans mandat ministériel, un acteur non négligeable de la politique étrangère française sous la IVe République.

Par souci de pondération, il convient enfin de noter que l'argumentaire de Lebon, Daladier et des autres parlementaires impliqués en faveur d'une reconnaissance immédiate de la ligne Oder-Neisse par la France n'a pas remporté à l'époque l'unanimité au Quai d'Orsay. En mars 1954, le Consulat français de Dantzig (Gdańsk) adresse à Dennery un long télégramme contenant une description circonstanciée de la situation économique à Szczecin et dans la région environnante de Poméranie occidentale. La conclusion est bien plus nuancée que le point de vue passionné de Lebon à son retour de Pologne – alors qu'il n'avait pas pu voir le port de Szczecin, rappelons-le : « *Plus encore que Wrocław et la Silésie, Stettin et la Poméranie occidentale constituent le point sensible de l'expérience tentée par les Polonais sur les 'Territoires recouvrés'. Cette expérience est en cours : elle connaît des succès (le port de Szczecin) mais aussi des échecs (la colonisation et la reconstruction). Elle est loin d'être terminée et d'autres méthodes que celles jusqu'ici employées demeurent possibles. Les jeux ne sont certes pas faits mais rien de décisif, contrairement à l'avis péremptoire exprimé par M. Pierre Lebon, n'est encore acquis.* » [81]

La Pologne ainsi que les associations polonaises en France n'auront de cesse, tout au long des années cinquante et soixante, d'obtenir de la France la reconnaissance de la ligne Oder-Neisse comme frontière occidentale définitive de la Pologne. Daladier acceptera ainsi volontiers, en 1963, d'apporter sa contribution au travail d'information/propagande de l'Association pour le respect des frontières sur l'Oder et la Neisse (basée à Paris) [82]. C'est alors en tant que simple citoyen que l'ancien ministre et député s'exprimera : l'année 1958 voit en effet le retour du général de Gaulle au pouvoir et la chute de la IVe République ; pour Daladier elle signifie la fin de son activité politique. Il appartient dès lors à de Gaulle de rassurer la Pologne sur les bonnes intentions françaises, dès mars 1959 et plus encore lors de sa visite officielle en Pologne en septembre 1967. La politique étrangère de la RFA, conduite par le futur chancelier Willy Brandt, aura alors déjà commencé à s'engager sur la voie de la nouvelle 'Ostpolitik', manifestation locale de la détente Est-Ouest.

Notes

1. D'abord enceinte privilégiée ayant vocation à soutenir et à préparer l'adhésion de la Pologne à l'Union européenne, le Triangle de Weimar, créé les 28-29 août 1991, a évolué après l'adhésion polonaise à l'UE (le 1er mai 2004) et s'est fixé pour objectifs principaux d'établir une coopération étroite entre les gouvernements des trois pays sur les grands enjeux européens tout en intensifiant le dialogue entre sociétés civiles. Très peu d'ouvrages s'intéressent aux rapports France-Pologne-Allemagne avant cette date. Pour la recherche allemande, on peut citer Timmermann, Heiner (édit.) : *Deutschland – Frankreich – Polen : ihre Beziehungen zueinander nach 1945*. Saarbrücken : 1986 (= Dokumente und Schriften der Europäischen Akademie Otzenhausen, 51. Forum Politik, 1). 185 pp. ; côté français Dupeux, Louis : *Le facteur polonais dans les relations entre la France et la RFA, des origines à 1970*. In : Manfrass, Klaus (édit.) : *Paris-Bonn. Eine dauerhafte Bindung schwieriger Partner. Beiträge zum deutsch-französischen Verhältnis in Kultur, Wirtschaft und Politik seit 1949*. Sigmaringen : 1984. 357 pp.

2. La RDA s'était engagée, dès sa création, au respect des décisions prises par les vainqueurs à Potsdam, notamment concernant la nouvelle frontière occidentale de la Pologne (Traité de Görlitz/Zgorzelec du 6 juillet 1950). Toutefois, si la propagande ne cessait de mettre en exergue l'amitié entre communistes polonais et est-allemands, de nombreux litiges subsistèrent longtemps dans les rapports bilatéraux RDA-Pologne, en particulier au sujet de l'exploitation des richesses naturelles le long de leur frontière commune sur l'Oder et la Neisse lusacienne. Sur la complexité des rapports germano-polonais du fait de la division allemande, voir notamment Weber, Pierre-Frédéric : *Le triangle RFA-RDA-Pologne (1961-1975) : guerre froide et normalisation des rapports germano-polonais*. Paris : 2007 (= Allemagne d'hier et d'aujourd'hui). 418 pp. [= thèse de doctorat soutenue à l'Université de Paris III – Sorbonne Nouvelle en décembre 2006] ; cf. aussi les sources publiées par l'Institut historique allemand de Varsovie sur les rapports entre la Pologne et la Zone d'occupation soviétique en Allemagne de 1945 à 1949 (premier tome d'une série devant couvrir toute la période jusqu'à la disparition de la RDA en 1990) Kochanowski, Jerzy. Klaus Ziemer (édit.) : *Polska-Niemcy Wschodnie 1945-1990. Wybór dokumentów. Tom 1 : Polska wobec Radzieckiej Strefy Okupacyjnej Niemiec maj 1945 – październik 1949. Redakcja, wstęp, wybór dokumentów Jerzy Kochanowski ; opracowanie dokumentów Andrzej Krajewski, Małgorzata Mazurek*. Warszawa : 2006. 527 pp.. La version allemande de cet ouvrage de référence doit être publiée courant 2009.

3. Cette crainte ne touchait toutefois pas tous les pays voisins de manière égale. Certains gouvernement surent très tôt faire preuve de beaucoup de pragmatisme, parfois en dépit des appréhensions et réticences de la population. On peut citer l'exemple des Pays-Bas, très révélateur à ce titre, cf. Wielenga, Friso : *Vom Feind zum Partner. Die Niederlande und Deutschland seit 1945. Mit einem Vorwort von Wolfgang Clement, Übersetzung aus dem niederländischen von Christoph Strupp und Anne Wielenga-Flohr*. Münster : 2000 (= Reihe 'agenda Politik', 21). 522 pp., pp. 51-62.

4. Goetschel, Pascale. Bénédicte Toucheboeuf : *La IVe République. La France de la Libération à 1958*. Paris : 2004 (= Références, Inédit Histoire. La France contemporaine, 7). 574 pp., p. 243.

5. Voir Clesse, Armand : Baden-Baden : 1989. VII, 399 pp. ; ou encore Wettig, Gerhard : *Entmilitarisierung und Wiederbewaffnung in Deutschland 1945-1955. Internationale Auseinandersetzung um die Rolle der Deutschen in Europa*. München : 1967 (= Schriften des Forschungsinstituts der Deutschen Gesellschaft für Auswärtige Politik e.V., 25). 683 pp.

6. Cf. Du Réau, Elisabeth : *Edouard Daladier, 1884-1970*. Paris : 1993 (= Pour une histoire du XXe siècle). 581 pp. Cet ouvrage de référence, certes éclairant et très documenté, s'intéresse aux années 1945-1958 seulement dans l'épilogue ; l'opposition de Daladier à la CED n'y est évoquée qu'en un bref paragraphe (p. 448) : « A ses yeux, la sécurité de l'Europe dépendait de [la] coopération avec les Etats-Unis, et il était beaucoup plus réticent à l'égard des projets de défense européenne. Lorsque s'engagea à l'automne 1950 le débat sur la CED, Daladier se montra très hostile à toute solution renforçant la capacité militaire de l'Allemagne. En fait, marqué par les deux conflits avec ce pays, il restait hanté par la crainte d'une renaissance du militarisme d'outre-Rhin. Ses prises de position au sein du Parti radical témoignent de sa réserve et de sa prudence concernant la construction européenne. » L'interaction politique avec la Pologne, dont il sera question ici, n'y figure nulle part.

7. Maelstaf, Geneviève : *Que faire de l'Allemagne ? Les responsables français, le statut international de l'Allemagne et le problème de l'unité allemande (1945-1955). Avec une préface de Georges-Henri Soutou*. Paris : 1999 (= Diplomatie et Histoire). 740 pp., p. 22.

8. Cf. Guy, Claude : *En écoutant de Gaulle. Journal 1946-1949*. Paris : 1996. 519 pp., p. 45.

9. La coalition de la Troisième Force, qui souhaite faire contrepoids aux communistes et aux gaullistes, se forme en novembre 1947 autour du MRP Robert Schuman comme président du Conseil, et se maintient au prix de nombreux remaniements jusqu'au retour de la droite au pouvoir fin décembre 1953. Cf. Goetschel, Pascale. Bénédicte Toucheboeuf : *Op. cit.*, p. 190 sq.

10. Maelstaf, Geneviève : *op. cit.*, p. 342. L'auteur rappelle ailleurs que le « facteur soviétique » restera constamment présent dans la diplomatie française : « Cet incessant ballet fait d'attirances et de répulsions envers l'Union soviétique, pour s'assurer de son soutien contre le danger allemand, ou au contraire pour conjurer sa puissance en se rapprochant de l'Allemagne, constitue la trame sous-jacente de notre histoire. » (*ibid.*, p. 541).

11. Le résultat négatif à 67,7 % du référendum proposé le 23 octobre 1955 à la population sarroise sur la question d'une solution européenne et fédérale apportée au statut de la Sarre entraîna les pourparlers qui conduisirent à la signature des accords de Luxembourg. Sur le problème de la Sarre, voir CAHN, Jean-Paul : *Le second retour : le rattachement de la Sarre à l'Allemagne (1955-1957)*. Bern : 1985 (= Contacts. Série II ; Gallo-Germanica, 1). 315 pp. ; Hudemann, Rainer. Burkhard Jellonek. Bernd Rauls (édit.) : *Grenz-Fall. Das Saarland zwischen Frankreich und Deutschland 1945-1960. Unter Mitarbeit von Marcus Hahn*. St. Ingbert : 1997. 468 pp..

12. La Sarre s'invite d'ailleurs au débat sur la CED en novembre 1953, lorsque quelques députés autour d'Edouard Daladier cherchent à faire dépendre le débat de ratification de la CED de l'acceptation par la RFA du statut de la Sarre. Cf. Clesse, Armand : *op. cit.*, p. 138.

13. Jarosz, Dariusz. Maria Pasztor : *Robineau, Bassaler i inni. Z dziejów stosunków polsko-francuskich w latach 1948-1953.* Toruń : 2001. 309 pp.

14. Pour la suite des relations franco-polonaises, voir le très bon ouvrage de Pasztor, Maria : *Między Paryżem, Warszawą i Moskwą. Stosunki polsko-francuskie w latach 1954-1969.* Toruń : 2003. 399 pp.

15. Pierre Lebon (1890-1967), député des Deux-Sèvres de 1951 à 1955.

16. L'URAS, Union des républicains d'action sociale, est un groupe parlementaire constitué par 77 des 120 gaullistes élus en 1951, après la mise en sommeil du parti gaulliste RPF (Rassemblement du Peuple français) décidée par de Gaulle en 1953.

17. Archives du ministère polonais des Affaires étrangères (AMSZ), dep. 6/77, dépêche chiffrée n°11761 du 15/10/1953 de l'Ambassade de Pologne en France (Paris) au ministère polonais des Affaires étrangères (MSZ, Varsovie), « Strictement secret ! ».

18. Voir l'interpellation du gouvernement Laniel par P. Lebon du 19/11/1953 : http://www.assemblee-nationale.fr/histoire/biographies/IVRepublique/Lebon-Pierre-17071890.asp (lien consulté le 29 mai 2008).

19. Elgey, Georgette : *La République des illusions, 1945-1951, ou la vie secrète de la IVe République.* Paris : 1965. 555 pp., p. 463.

20. AMSZ, dep. 6/77, dépêche chiffrée n° 12470 du 29/10/1953 de l'Ambassade de Pologne en France au MSZ, « Strictement secret ! ».

21. Cf. Du Réau, Elisabeth : *op. cit.*.

22. Lancé le 22 septembre 1946 à Epinal, ce refus concernait le deuxième projet constitutionnel de l'Assemblée ; celui-ci, approuvé « du bout des lèvres par les Français » lors du référendum du 13 octobre devient Constitution le 27, cf. Goetschel, Pascale. Bénédicte Toucheboeuf : *Op. cit.*, p. 112.

23. AMSZ, dep. 6/77, dépêche chiffrée n° 12470, citée plus haut. Jacques Duclos (1896-1975), secrétaire général par intérim du PCF à partir de 1950, député communiste pendant toute la période de la IVème République (1946-1958).

24. Jacques Soustelle (1912-1990), député RPF de 1951 à 1955, réélu en 1956 sous l'étiquette URAS, par ailleurs éminent ethnologue français et membre de l'Académie française (élu en 1983).

25. *Ibid.*

26. Archives du ministère français des Affaires étrangères (AMAE), Europe, Pologne, 158, télégramme n° 1106-1110 du 15/11/1953 de l'ambassade de France en Pologne (Varsovie) au ministère français des Affaires étrangères (MAE, Paris).

27. Archives Nationales (CARAN), Fonds Daladier 496AP/60 (5DA17), Dr 1, notes personnelles manuscrites d'Edouard Daladier, non datées (probablement 1950), « Le réarmement allemand : thèses pour et contre ».

28. *Ibid.*

29. Cf. le titre de l'article contreversé, très munichois, de Marcel Déat, paru dans le journal *L'œuvre* du 4/05/1939, « Faut-il mourir pour Dantzig ? ».

30. AMSZ, dep. 6/77, dépêche chiffrée n° 11761, citée plus haut.

31. AMAE, Europe, Pologne, 158, télégramme n° 922 du 29/11/1953 du MAE à l'Ambassade de France en Pologne.

32. L'élection de René Coty à la présidence de la République n'a lieu que le 23 décembre 1953 (au treizième tour de scrutin !) ; le nouveau président aura peu d'influence sur le débat concernant la CED. L'ambassade de Pologne le juge d'emblée assez sévèrement : « Il ne connaît rien à la grande politique et n'a jamais pris position publiquement à propos de l'armée européenne », voir AMSZ, dep. 6/77, dépêche chiffrée n° 15075 du 24/12/1953 de l'ambassade de Pologne en France au MSZ.

33. La conférence des Bermudes s'est tenue du 4 au 7 décembre 1953, cf. Bernstein, Serge. Pierre Milza : *Histoire de la France au XXe siècle. Tome III : 1945-1958.* Paris : 1999, 337 pp., pp. 83 sq. ; pour le déroulement de la conférence, on pourra consulter utilement aux Archives nationales les notes de Georges Bidault, ministre des Affaires étrangères du gouvernement de Joseph Laniel : Fonds Bidault, 457AP/48, 1953.

34. Cf. AMAE, Europe, Pologne, 158, télégramme n° 1173-1174 du 29/11/1953 de l'ambassade de France en Pologne au MAE, « Réservé. Priorité absolue. Très secret ».

35. AMSZ, dep. 6/77, dépêche chiffrée n° 13809 du 27/11/1953 de l'ambassade de Pologne en France au MSZ, « Strictement secret ! ».

36. Mouvement républicain populaire. Il était alors représenté au gouvernement par Georges Bidault (1899-1983), aux Affaires étrangères.

37. Voir la liste transmise par le Quai d'Orsay à son ambassade varsovienne, AMAE, Europe, Pologne, 158, télégramme n° 943 du 4/12/1953 du MAE à l'ambassade de France en Pologne. Arthur Conte, né en 1920 ; Edouard Daladier, 1884-1970 ; Marcel Darou, 1896-1986 ; André Denis, 1920-2002 ; Joseph-Pierre Lanet, 1912-1974 ; Pierre Lebon, 1890-1967 ; Cdt Georges Loustaunau-Lacau, 1894-1955 ; Jacques Soustelle, 1912-1990 ; Jacques Verneuil, 1899-1982.

38. Voir Loustaunau-Lacau, Georges : *Mémoires d'un Français rebelle.* Paris :1948. 365 pp.

39. AMAE, Europe, Pologne, 158, télégramme n° 1199-1201 du 7/12/1953 de l'ambassade de France en Pologne au MAE, « Réservé. Très secret. »

40. Cf. AMSZ, dep. 6/77, dépêche chiffrée n° 13913 du 30/11/1953 de l'ambassade de Pologne en France au MSZ, « Strictement secret ! A remettre en mains propres [au ministre polonais des Affaires étrangères], Skrzeszewski ».
41. *Ibid.*
42. AMSZ, dep. 6/77, dépêche chiffrée n° 14106 du 3/12/1953 de l'ambassade de Pologne en France au MSZ, « Strictement secret ! ».
43. AMSZ, dep. 6/77, dépêche chiffrée n° 14245 du 7/12/1953 de l'ambassade de Pologne en France au MSZ, « Strictement secret ! ».
44. AMAE, Europe, Pologne, 158. Rapport n° 2664 du 31/12/1953 du Haut-Commissariat de la République française en Allemagne (Bonn) au MAE.
45. Sur Wrocław/Breslau après 1945, on pourra consulter l'excellent ouvrage de THUM, Gregor : *Die fremde Stadt. Breslau nach 1945.* München : 2006. 640 pp.
46. Cf. Archives nationales (CARAN), 496AP/62 (5DA19), Dr 4, notes personnelles manuscrites d'Edouard Daladier, décembre 1953, « Huit jours en Pologne ».
47. Cf. Du Réau, Elisabeth : *op. cit.*
48. Jarosław Iwaszkiewicz (1894-1980) ; Jerzy Putrament (1910-1986).
49. Clesse, Armand : *op. cit.*, p. 136.
50. Cf. AMSZ, dep. 6/77, dépêche chiffrée n° 14308 du 8/12/1953 de l'ambassade de Pologne en France au MSZ, « Strictement secret ! ».
51. *Combat* du 14/12/1953. Voir aussi AMAE, Europe, Pologne, 158. Télégramme n° 1237 du 14/12/1953 de l'ambassade de France en Pologne au MAE.
52. Voir plus haut, note XVIII.
53. Cf. AMSZ, dep. 6/77, dépêche chiffrée n° 14406 du 9/12/1953 de l'Ambassade de Pologne en France au MSZ, « Strictement secret ! ».
54. AMAE, Europe, Pologne, 158, rapport n° 861 du 13/12/1953 de l'Ambassade de France en Pologne au MAE, « Très confidentiel ».
55. Le plan Rapacki est présenté en 1958 aux Nations-Unies, cf. Łoś-Nowak, Teresa : *Polskie inicjatywy w sprawie broni nuklearnej w Europie środkowej 1957-1964.* Wrocław : 1989 (= Acta Universitatis Wratislaviensis, Nauki Polityczne, 50). 380 pp.
56. AMAE, Europe, Pologne, 158, télégramme n° 6585 du 7/12/1953 du Haut-Commissariat de la République française en Allemagne au MAE.
57. A comparer directement avec le rapport de l'ambassade de RFA en France (Paris) à l'Auswärtiges Amt (Bonn) du 9/12/1953, Politisches Archiv des Auswärtigen Amtes (PA/AA), B24, 653, 205-00 I 4422/53-, au sujet du voyage des députés français en Pologne.
58. AMAE, Europe, Pologne, 158, télégramme n° 6678-6681 du 10/12/1953 du Haut-Commissariat de la République française en Allemagne au MAE. Au printemps 1947, l'URSS faisait dépendre son soutien au détachement de la Sarre en faveur de la France du soutien de celle-ci aux revendications soviétique sur un contrôle international de la Ruhr. Voir ELGEY, Georgette : *op. cit.*, p. 283.
59. Voir *Die Rheinpfalz*, du 28/01/1953, l'article critique intitulé « Saar-Hoffmanns neueste Scharfmacherei », qui rapporte les propos du ministre-président.
60. PA/AA, B10 (Abt. 2), 529, aide-mémoire du gouvernement fédéral du 30/04/1953.
61. Sur la note adressée par Staline aux Alliés occidentaux, proposant le retrait militaire des forces occupantes et la réunification de l'Allemagne sous condition de sa neutralisation, voir Zarusky, Jürgen (édit.) : *Die Stalinnote vom 10. März 1952. Neue Quellen und Analysen.* München : 2002 (= Schriftenreihe der Vierteljahreshefte für Zeitgeschichte, 84). 212 pp. Les Alliés, influencés aussi par le chancelier ouest-allemand, Konrad Adenauer, avaient refusé l'offre soviétique.
62. AMSZ, dep. 6/77, dépêche chiffrée n° 3752 du 9 avril 1952 envoyée par l'ambassade de Pologne en France (Paris) au MSZ (Varsovie), signée par Ogrodziński.
63. AMSZ, dep. 6/777, dépêche chiffrée n° 2325 du 11/03/1950 de l'ambassade de Pologne en France au MSZ.
64. AMAE, Europe, Pologne, 158, télégramme n° 6585, cité plus haut.
65. AMAE, Europe, Pologne, 158, rapport n° 2588 du 16/12/1953 du Haut-Commissariat de la République française en Allemagne au MAE.
66. Cf. l'article « Hearts and Flowers » paru dans *Time*, le 21/12/1953.
67. AMSZ, dep. 6/77, dépêche chiffrée n° 14579 du 12/12/1953 de l'ambassade de Pologne en France au MSZ, « Strictement secret ! ».
68. Ce groupe sera présidé alors par Arthur Conte. Il existe encore aujourd'hui.
69. AMSZ, dep. 6/77, dépêche chiffrée n° 14663 du 15/12/1953 de l'ambassade de Pologne en France au MSZ, « Strictement secret ! ».
70. AMSZ, dep. 6/77, dépêche chiffrée n° 14611 du 14/12/1953 de l'ambassade de Pologne en France au MSZ, « Strictement secret ! ».
71. AMAE, Europe, Pologne, 159, lettre du 25/08/1954 de l'ambassadeur de Pologne en France, Gajewski, au ministre français des Affaires étrangères, Mendès France.
72. Voir Reale, Eugenio : *Raporty. Polska 1945-1946. Przełożył z włoskiego Paweł Zdziechowski.* Paryż : 1968 (= Instytut Literacki, « Biblioteka Kultury », 164). 282 pp., pp. 220-224 et 257-260.

73. AMAE, Europe, Pologne, 159, télégramme n° 1042-1044 du 3/09/1954 de l'ambassade de France en Pologne au MAE, « Réservé ».

74. En effet, comme le note justement G. Maelstaf, « depuis la conférence de Berlin de janvier-février 1954, le Kremlin poursuit son offensive en direction de l'Occident – et plus particulièrement à l'intention de la France – sur le thème de la sécurité européenne » ; cf. Maelstaf, Geneviève : *op. cit.*, p. 511.

75. AMSZ, dep. 6/77, dépêche chiffrée n° 12354 du 15/09/1954 de l'ambassade de Pologne au MSZ.

76. Voir la lettre de P. Mendès France à Jean Monnet du 16/08/1954, Fondation Jean Monnet pour l'Europe, [s.l.]. Archives Jean Monnet. Fonds AMI. 26/2/14. Consulté en ligne sur le site d'European Navigator http://www.ena.lu/ le 1/12/2008.

77. Daladier restera fidèle à cette idée ; ainsi déclare-t-il à l'Assemblé nationale, le 12 octobre 1954 : « Il sera difficile d'arriver à la coexistence pacifique si l'on n'aborde pas un jour ou l'autre le problème des frontières orientales de l'Allemagne, et notamment de cette frontière de l'Oder-Neisse fixée par les quatre alliés comme la limite du monde slave et du monde germanique. Telles sont nos craintes et nos inquiétudes... » (Propos rappelés par l'ambassade de RFA en France (Paris) à l'Auswärtiges Amt, le 15/01/1971, voir PA/AA, B24, 653, I-A-3 82.00/0/155/71).

78. Le Parti radical était certainement le plus divisé sur la question de la CED ; face au groupe des opposants à la CED, on trouvait d'autres représentants comme Félix Gaillard, Maurice Faure et René Mayer, favorables au projet. Le clivage s'exprima nettement lors du Congrès radical de Bordeaux, à l'automne 1952. Cf. Fogacci, Frédéric : *Les radicaux divisés sur la CED. Interventions d'Edouard Daladier et de René Mayer au congrès de Bordeaux (17-18 octobre 1952)*. In : Parlement[s] 2007, n° 3 Hors-série. pp. 123-129.

79. *Extrait du débat parlementaire à l'Assemblée nationale, Communauté européenne de défense : Suite de la discussion d'un projet de loi*. In : Journal officiel de la République française. 31/08/1954, n° 85 A.N., p. 4455-4474.

80. Voir récemment Faraldo, José María. Paulina Gulińska-Jurgiel. Christian Domnitz (édit.) : *Europa im Ostblock. Vorstellungen und Diskurse (1945-1991)*. Köln – Weimar – Wien : 2008 (= Zeithistorische Studien, 44). 407 pp. Pour le processus le dialogue Est-Ouest, on pourra aussi consulter par exemple Du Réau, Elisabeth : *L'idée d'Europe au XXe siècle : des mythes aux réalités. Nouvelle édition*. Bruxelles : 2008 (= Historiques, 159). 375 pp.

81. AMAE, Europe, Pologne, 150, télégramme n° 21-22 du 25/03/1954 du Consulat français de Dantzig à l'ambassade de France en Pologne.

82. Cf. Archives nationales (CARAN), 496AP/62 (5DA19), Dr 4, courrier de réponse manuscrit d'Edouard Daladier à une demande de soutien de l'Association pour le respect des frontières sur l'Oder et la Neisse (Paris), du 5/02/1963.

Eric Guillet*

La belle vie en Allemagne. L'Allemagne vue par Daniel Goeudevert dans *Wie Gott in Deutschland* (2003)

Daniel Goeudevert est un personnage unique en son genre. Français né en 1942 à Reims, il a fait en Allemagne une brillante carrière de manager. Il y est d'ailleurs beaucoup plus connu qu'en France, ayant la particularité de publier d'abord en allemand ses essais qui sont toujours dans leur catégorie des best-sellers dont deux seulement (sur six) ont été traduits en français, le plus célèbre étant l'autobiographie *Wie ein Vogel im Aquarium. Aus dem Leben eines Managers* de 1996 paru en France en 1998 sous le titre *Comme un oiseau dans l'aquarium. Un Français réussit en Allemagne* [1]. En 2002, la version allemande en était déjà à sa sixième édition.

En 2003 parut le livre sur lequel nous voudrions nous pencher ici, *Wie Gott in Deutschland* [2], que l'auteur, se conformant à une tradition littéraire bien allemande, a présenté au cours de nombreuses lectures publiques à travers l'Allemagne. Pour la première fois, Goeudevert présente son image de cette Allemagne qu'il connaît et aime pour y avoir longtemps travaillé et vécu et épousé en secondes noces une Allemande, Gabi. Dans ses autres livres, il n'insistait qu'incidemment sur certaines spécificités allemandes, par exemple quand, dans *Comme un oiseau dans l'aquarium*, il constate : « En France, on n'appelle pas la police pour un accident de voiture qui n'a pas fait de blessés. En Allemagne, il faut alerter les forces de l'ordre au moindre accrochage » [3].

Un auteur et un livre uniques en leur genre

Wie Gott in Deutschland est un cas que rencontre rarement l'imagologie dans les imageries nationales puisqu'il s'agit ici d'un essai sur l'Allemagne écrit en allemand par un Français pour un public allemand. Configuration rare, voire tout à fait singulière. En effet, les imageries nationales comprennent principalement, à part les images que les peuples se font d'eux-mêmes (*Selbstsicht*), celles qu'ils se font les uns des autres (*Fremdwahrnehmung*). Concrètement, cela signifie que l'imagologie franco-allemande s'occupe surtout soit d'ouvrages sur l'Allemagne écrits en français par des Français pour des Français (où l'élément français prédomine donc par les auteurs, la langue et les destinataires), soit d'ouvrages sur la France écrits

* E. Guillet. Maître de conférences à l'Université de Nantes.

en allemand par des Allemands pour des Allemands (où cette fois c'est l'élément allemand qui prédomine). Goeudevert contrevient à cette constante en ne destinant pas son essai sur l'Allemagne d'abord à un public français, comme c'est la règle, mais tout de suite à un public allemand, et en l'écrivant directement en allemand. Cas de figure unique pour un Français étant donné que l'élément français s'y réduit à l'auteur, l'élément allemand (sujet, langue, destinataires) y étant prédominant. En 1985, Lothar Baier, du côté allemand, avait déjà subverti le schéma traditionnel du livre sur l'Allemagne écrit en allemand par un Allemand pour des Allemands en écrivant en français à l'usage des Français un ouvrage sur l'Allemagne [4]. Personnage peu conventionnel tout comme Lothar Baier, Goeudevert s'avère ici, comme dans le monde de l'entreprise, être un original imprévisible se plaisant à briser les moules tout faits, un *Querdenker* (un empêcheur de tourner en rond) comme il se qualifie lui-même dans la conclusion de *Comme un oiseau dans l'aquarium*, l'édition française conservant d'ailleurs en l'expliquant le terme allemand [5].

Le titre choisi par Goeudevert est bien sûr d'abord une variation sur l'expression « *leben wie Gott in Frankreich* » signifiant littéralement « vivre comme Dieu en France », mais idiomatiquement « mener la belle vie », « bien vivre ». Mais il est aussi à un deuxième niveau une référence à ce classique de l'imagerie allemande sur la France qu'est *Wie Gott in Frankreich ?* de Friedrich Sieburg paru en 1929 et traduit en 1931 chez Grasset, non sous le titre adéquat *La belle vie en France ?*, mais sous celui certes plus percutant de *Dieu est-il français ?* Bien que Goeudevert ne mentionne nulle part ce best-seller, il est peu probable qu'il n'y pense pas, en effet, un même esprit mêlant amour et critique du voisin d'outre-Rhin caractérise l'image que Sieburg donne de la France des années vingt et celle que Goeudevert donne de l'Allemagne des années 2000. Mais dans le contexte franco-allemand tendu des années suivant la Grande Guerre, le livre de Sieburg doutait des valeurs françaises, comme l'annonçait la question du titre (*Wie Gott in Frankreich ?)*, et affichait ouvertement son parti pris pour une Allemagne jeune et moderne contre une France vieille et traditionaliste, alors que Goeudevert renonce au point d'interrogation.

Le livre se présente en effet, selon le sous-titre (*Eine Liebeserklärung*), comme « une déclaration d'amour » à l'Allemagne, ce pays où Goeudevert a fait une brillante carrière de manager, et à sa seconde femme, l'Allemande Gabi, dont, adolescent, il est tombé amoureux à Dortmund et dont il est souvent question. Professeur d'allemand devenu vendeur chez Citroën pour mieux faire vivre sa famille, sa connaissance de la langue allemande, rare dans les entreprises françaises à l'époque, lui permet de devenir en 1969 directeur des ventes de la concession Citroën à Genève, puis en 1974 le très jeune directeur général de la concession Citroën de Cologne, en 1975 président du directoire de Renault Allemagne (à Brühl) avant de devenir de 1981 à 1989 président du directoire des usines Ford de Cologne et, de 1991à 1993, président du directoire de Volkswagen, l'un des quatre piliers (Volkswagen, Audi, Seat et Skoda) de la société Volkswagen dirigée par Carl Hahn. Ses fonctions dirigeantes chez Ford Allemagne et Volkswagen constituèrent le couronnement de sa carrière, une carrière presque essentiellement allemande que rien ne laissait présager et qui lui fait parler de son « destin allemand » : « En Allemagne, je me sens chez moi. Ici, j'ai l'impression qu'on me comprend au moins autant qu'en France, mon pays natal. Et ça déjà, c'est curieux, puisque je n'avais rien d'allemand dans les gènes et qu'absolument rien dans ma famille n'aurait laissé présager que j'irais en Allemagne et que j'aurais une relation avec elle. C'est pourquoi j'ai tendance à parler de mon 'destin allemand', qui a fini par être le mien grâce à de nombreux hasards inattendus » [6].

Goeudevert aime donc l'Allemagne car il sait qu'il lui doit tout : « Le pays et ses habitants m'ont presque tout donné : travail, succès, amour, si bien que je ne peux faire autrement que de les aimer à mon tour » [7]. Mais cet amour n'est pas aveugle, en effet l'auteur dit que son objectif lucide est avant tout « aussi bien de comprendre mon rapport aux Allemands que le rapport des Allemands à eux-mêmes » [8].

Réfléchir sur l'Allemagne amène Goeudevert à se demander s'il est possible d'utiliser des termes génériques aussi abstraits que « les Allemands », si pareil regroupement d'individus selon leur seule appartenance nationale recouvre bien une réalité : « D'abord, existe-t-il quelque chose comme un caractère national, une mentalité allemande ? » [9]. Il refuse certes une psychologie « essentialiste » des peuples dotant ceux-ci, comme Louis Reynaud en 1933 dans *L'âme allemande* [10], d'une « âme » éternelle et intemporelle qui les imprègnerait en profondeur : « Je ne suis pas à la recherche de ce qui est «au fond», d'origines et de racines ou même de l'âme cachée d'un peuple qu'il faudrait maîtriser. Qui cherche cela ne trouve rien, si ce n'est bien trop souvent une idéologie ou une mythologie » [11]. Mais il refuse de tomber de l'extrême consistant à établir des différences inconciliables entre les peuples, allemand et français par exemple, dans l'autre extrême niant les différences. C'est sur celles-ci que Goeudevert dit vouloir insister, tout en sachant bien tout ce qui rapproche Allemands et Français : « Oui, les points communs sont en vérité plus nombreux que les différences, il y a davantage de choses qui relient que de choses qui séparent » [12]. Mais il pense qu'il est plus fructueux pour la réflexion de se pencher sur les différences : « Ce n'est que par l'étrangeté et l'étonnement qu'on se met à penser. C'est pourquoi il n'est pas surprenant après coup que les particularités des Allemands, les différences par exemple entre l'Allemagne et la France prennent par la suite une importance plus grande que je ne l'avais d'abord imaginé » [13]. En soulignant l'importance de la découverte des différences culturelles dans les processus cognitifs humains, Goeudevert est certes en accord avec la science interculturelle, quoiqu'il occulte le fait que cette découverte d'autres comportements culturels ne mène pas en premier lieu à la réflexion et à l'amour de l'autre, mais au refus de l'étrange, de l'étranger, comme l'écrit la spécialiste de l'interculturalité Sylvia Schroll-Machl : « Lors de contacts entre Allemands et non Allemands, ce que chaque partie perçoit d'abord, c'est ce qui est contraire à ce à quoi on est habitué. [...] L'autre est étrange, énigmatique, insupportable ! On ne peut quand même pas faire les choses comme ça! [...] Les standards culturels nous aident à décider quel comportement doit être considéré comme normal, typique, encore acceptable et quel comportement doit être refusé » [14].

Goeudevert pense donc qu'il existe des particularités allemandes qui font que, dans certaines situations, les individus apparemment les plus différents ont le même comportement, par exemple comme piétons attendant sagement à un feu que le petit bonhomme passe au vert, même s'il ne vient aucune voiture. Patience impensable en France... Dans cette situation quotidienne, la plupart des Allemands, souvent sans s'en douter, manifestent un respect de la règle [15] qui, aux yeux d'un Français, semble pointilleux et « typiquement » allemand. Pareil respect scrupuleux du règlement ainsi que l'insatisfaction chronique sont certes pour Goeudevert des clichés simplificateurs si on réduit les Allemands à ces seules particularités en en occultant bien d'autres, mais lui paraissent néanmoins contenir « un soupçon de vérité » (*eine Prise Wahrheit*) sans lequel ces « clichés » auraient selon lui disparu depuis longtemps et qui peut aider les Allemands à mieux se comprendre [16]. En ne dépréciant pas systématiquement les stéréotypes nationaux qui oscillent entre vérité et fausseté, Goeudevert est en accord avec la recherche actuelle qui souligne leur valeur heuristique permettant à un premier stade (certes insuffisant) de débrouiller une réalité complexe [17].

Des caractéristiques « typiquement » allemandes ?

Quelles caractéristiques Goeudevert considère-t-il comme « typiquement » allemandes et correspondent-elles à celles remarquées dans le passé et le présent par les observateurs, par exemple par la spécialiste de l'interculturalité qu'est Sylvia Schroll-Machl précédemment citée (cf. note 14) qui dispose d'une longue expérience des entreprises allemandes ? Conformément à sa thèse selon laquelle toute imagerie nationale apparemment stéréotypée contient toujours un fond de vérité, Goeudevert commence par faire sur seize pages [18] une énumération d'images que les Français se font des Allemands et les Allemands d'eux-mêmes.

Il souligne d'abord le goût qu'auraient les Allemands des choses bien ordonnées, ordre garanti par une prolifération de règles qui étoufferait toute spontanéité, toute initiative : « La spontanéité, la prise d'initiative, la liberté de décision ou même la rébellion ne sont pas du goût de l'Allemand. Il agit d'après le règlement ou il n'agit pas » [19]. L'Allemand ferait tout sérieusement, c'est-à-dire ne quitterait jamais les chemins balisés, même lorsqu'il s'amuse ou est en vacances. Goeudevert qualifie le carnaval allemand de « gaieté à date on ne peut plus fixe » [20].

Goût de l'ordre, rigueur et manque de spontanéité font partie de l'imagerie traditionnelle concernant l'Allemagne [21]. Moins courante est la mise en relation de ces traits allemands « typiques » avec un besoin fort qu'auraient les Allemands de se mettre en valeur en exhibant des résultats. Ils auraient le culte du résultat concret obtenu grâce à un effort, que ce soit dans le domaine sportif ou dans celui des voyages touristiques qu'ils se plairaient à collectionner : « Pour les Allemands compte avant tout le résultat » [22].

D'où l'impression que donneraient les Allemands d'être toujours sous pression, ce qui peut les faire paraître ennuyeux. En effet, ils ne sauraient pas profiter du moment qui passe, mais concevraient fondamentalement leur vie comme un projet, ne verraient dans le présent qu'un pont jeté vers un avenir où il faudra prouver qu'on a réussi quelque chose : « Pour beaucoup, l'existence devient un subjonctif » [23]. Sont donc essentielles pour les Allemands les notions de travail, de discipline, de lutte, d'investissement à fond dans une tâche. A leurs yeux, des résultats obtenus sans efforts sont suspects.

Mais, là encore, Goeudevert complexifie le stéréotype de l'Allemand travailleur en soulignant que celui-ci cherche surtout à *donner l'impression* que son travail est pénible, plus pénible que celui des autres. L'Allemagne serait le champ de « la compétition des 'portefaix' » [24]. C'est à qui saurait prouver que c'est lui le plus débordé, le plus écrasé par sa charge, c'est à qui saurait le mieux « vendre » sa peine : « Car, en règle générale, on ne récompense, loue et promeut pas forcément celui qui a fait le mieux son travail, mais celui qui sait le mieux en parler et grossir ce qu'il a accompli, celui qui maîtrise le mieux ce genre de marketing de soi-même » [25]. En introduisant le cliché fréquent de l'Allemand laborieux dans ce jeu d'apparences, Goeudevert le démythifie totalement.

Peu habituelle est également sa caractérisation des Allemands comme envieux. La « jalousie sociale » [26], cette impression constante qu'aurait l'Allemand que le voisin est injustement mieux loti que soi-même, serait une « passion » allemande qui n'épargnerait aucune couche de la société et s'exprimerait dans une tendance collective à se lamenter sur son sort : « Il y a presque tous les jours des occasions pour l'opinion publique de s'inquiéter profondément. Si le magazine économique *Forbes* ne mentionne aucun Allemand dans son classement international des 25 meilleurs et principaux managers, les séries dans les journaux et les éditoriaux voient l'économie allemande en crise » [27]. Pareille jalousie, Goeudevert l'explique par une « peur de la différence, de l'autre et de l'altérité » qui peut, selon lui, évoluer soit en haine soit en auto-flagellation et qui s'accompagnerait de la croyance que la justice exige l'égalité [28].

Toutes ces particularités (culte du résultat et de l'effort, envie, peur de l'autre) feraient que les Allemand donnent l'impression d'être toujours insatisfaits, chagrins. C'est ce mal de vivre (Goeudevert utilise le terme de *Weltschmerz*) permanent qui leur aurait donné depuis longtemps la réputation d'être mélancoliques, profonds et d'avoir une riche intériorité. Cette tristesse fondamentale, qui, selon notre auteur, n'aurait fait que s'aggraver avec l'élévation du niveau de vie allemand, est considérée à l'étranger comme une « maladie » (*German disease*) [29].

Goeudevert en vient à la fin de son énumération à évoquer que les Allemands ne s'aiment pas eux-mêmes et ont toujours peur de ne pas faire ce qu'il faut, par exemple dans tout ce qui touche au national : « Des choses qui émeuvent peu les autres peuples – comme par exemple, aussi bête que ça puisse paraître, cultiver un certain patriotisme (la 'fierté nationale', quelle horreur), faire face à ses obligations au sein d'une alliance, défendre des intérêts nationaux, protéger, serait-ce militairement, les droits de l'homme aussi dans d'autres pays, critiquer la politique américaine ou même israélienne ou proposer à un étranger vivant ici la nationalité allemande ou même aussi, je n'y vois pas d'inconvénient, la double nationalité – tout cela conduit en Allemagne à de violents débats » [30].

D'où aussi une certaine peur de prendre des responsabilités trop lourdes, ce qui expliquerait qu'en Allemagne on les répartirait volontiers autant que le travail si bien qu'en fin de compte, raille Goeudevert, plus personne ne serait vraiment responsable de rien... [31]

Toutes ces images de l'Allemagne, Goeudevert tient à préciser qu'elles ont presque toutes été construites ou reprises par des observateurs allemands, et non des moindres (Goethe, Heine, Thomas Mann) [32]. Il pense que les Allemands auraient même, du fait qu'ils ne s'aiment pas, tendance à grossir les traits négatifs, à la différence des étrangers qui actuellement, selon Goeudevert, tendraient plutôt à les adoucir [33].

Ce panorama de caractéristiques allemandes constitue une sorte d'introduction à une réflexion plus approfondie sur trois traits allemands fondamentaux pour l'auteur. D'abord, précisément, cette sorte de dégoût qu'auraient les Allemands d'eux-mêmes et dont Goeudevert parle en différents endroits du livre, ensuite ce que l'auteur nomme la « culture de l'intériorité » (*Innerlichkeitskultur*) [34] qui est au centre des quelque cinquante pages du chapitre *Le Michel allemand* et de celui d'une vingtaine de pages intitulé *Le secret de l'amour*, enfin, le culte des règles qu'il examine à l'œuvre dans le monde de l'entreprise dont il est évidemment familier.

Des Allemands qui ne s'aiment pas

Selon Goeudevert, l'une des caractéristiques principales des Allemands serait qu'ils ne s'aiment pas en tant qu'Allemands. Il le souligne dès l'introduction : ils n'auraient pas une haute opinion d'eux-mêmes, de leur pays, de leurs compatriotes et donneraient l'impression « d'être toujours au bord de quelque gouffre » [35]. Cette inquiétude de l'Allemand en tant qu'Allemand serait totalement dénuée d'affectation et ne daterait pas seulement de la défaite de 1945, mais de la catastrophe humaine et politique pour l'Allemagne que fut la Guerre de Trente Ans. Les Allemands cultiveraient une mauvaise conscience nationale, ils souffriraient de l'Allemagne et auraient du mal à s'identifier avec elle, l'impression d'être coupables en tant qu'Allemands les rongeraient en profondeur et expliqueraient les récents débats « d'une violence hystérique » [36] autour de l'exposition itinérante sur les crimes de la Wehrmacht, autour de la construction du mémorial berlinois aux victimes de l'holocauste ou autour de la question de savoir s'il est permis de dire que, pour un immigré, la culture allemande doit être la « culture de référence » (*Leitkultur*). Cette mauvaise conscience aurait favorisé par compensation le sens écologique et caritatif des Allemands plus développé que celui des autres peuples [37]. Elle expliquerait aussi que les Allemands ne cherchent pas vraiment à se connaître [38] et qu'ils soient les champions du monde pour le nombre de voyages à l'étranger par habitant [39]. Mais Goeudevert souligne, preuve de son honnêteté intellectuelle, que sa femme Gabi n'est pas d'accord avec lui et interprète cet amour des voyages comme un signe de « prospérité, de curiosité, d'habitude du monde et d'ouverture » [40].

Il convient de noter que là encore Goeudevert évite le piège des clichés. Il ne déplore pas dans le mea-culpa permanent des Allemands un manque de patriotisme, son but n'est pas de développer chez ceux-ci un sens patriotique atrophié (« dans ce contexte, ça ne m'intéresse absolument pas » [41]). Dans cette façon qu'ont les Allemands de souvent rabaisser leur pays, de s'étonner par exemple, comme cet ami de Dortmund, que Goeudevert puisse vouloir intituler un livre sur l'Allemagne *La belle vie en Allemagne*, notre auteur croit décèler « un manque de confiance en soi et de connaissance de soi, de raison sociale et de culture démocratique ». Ce point, Goeudevert le développera lorsqu'il parlera de la culture allemande de l'intériorité.

Ce mal d'être Allemand, cette façon qu'ont les Allemands de ne voir que les côtés négatifs du pays où ils vivent, cette « mélancolie » nationale a souvent été soulignée depuis Mme de Staël par les observateurs de l'Allemagne [42]. Dans son ouvrage récent de référence sur le comportement des Allemands dans l'entreprise, Sylvia Schroll-Machl signale la réticence de ses compatriotes lorsqu'elle leur parle de « spécificités allemandes » (*deutsche Eigenschaften*) qui sont pour eux connotées négativement de sorte qu'ils prétendent être avant tout Bavarois ou Hambourgeois, que ces spécificités ne seraient pas totalement vraies, qu'elles seraient même carrément dépassées. Elle considère que c'est précisément ce refus de passer pour un

Allemand « typique » qui est typiquement allemand. Il s'agirait selon elle de « la première et selon mon expérience de la plus profonde caractéristique allemande : personne ne veut être typiquement allemand, ce sont surtout les autres qui sont allemands – l'autre organisation d'expulsés [*Landsmannschaft*], l'autre secteur d'activité, l'autre couche sociale, les hommes seulement ou l'autre génération » [43]. Ailleurs, Sylvia Schroll-Machl précise que si les Allemands dans le monde de l'entreprise peuvent parfois paraître arrogants aux étrangers, cette arrogance n'est pas à la racine connotée nationalement : « L'histoire pèse lourdement sur nous, Allemands; s'il existe une conscience nationale positive, c'est tout au plus en tant que fierté des performances économiques, mais en aucun cas en tant qu'identité nationale intacte » [44].

Une culture de l'intériorité

Cette difficulté qu'ont les Allemands à s'identifier à leur pays, Goeudevert la relie à la « culture de l'intériorité » qu'il place au cœur de la mentalité allemande et que, érigée selon lui en programme d'abord par Herder, puis par le romantisme politique, il définit ainsi : « sens moral au lieu de droit formel, authenticité culturelle au lieu de civilisation individualiste » [45]. Les Allemands accorderaient trop d'importance aux sentiments, à l'amour, à l'harmonie entre les êtres, au consensus, à la justice, ils auraient vis-à-vis de tous leurs compatriotes des exigences élevées qu'on doit raisonnablement réserver au domaine strictement privé. En conséquence, ils croiraient trop à l'existence du « mal » et pratiqueraient une morale trop négative qui fonctionne à partir d'interdits absolus. Par « culture de l'intériorité », Goeudevert entend une culture qui privilégie les valeurs intimes supposant des relations étroites entre quelques êtres peu nombreux, qui attend donc de l'amour, de la chaleur non seulement dans les relations avec ses proches, mais aussi dans les relations « publiques » avec les gens que la vie quotidienne, professionnelle ou autre, nous fait côtoyer. Un tel désir de chaleur humaine en toutes circonstances semble irréaliste à Goeudevert, non adapté aux relations quotidiennes que tout le monde est obligé d'avoir avec des gens qu'on n'aime pas, qui ne demandent d'ailleurs pas qu'on les aime, mais avec lesquels il faut seulement chercher à vivre en bonne intelligence : « Mais quelqu'un qui a à peu près tout son sens sait que l'opinion publique commence là où l'amour s'arrête, là où nous ne rencontrons ni parents ni gens qui nous soient proches d'une façon ou d'une autre. Comment nous comportons nous alors ? Comment nous approcher d'étrangers sans trop s'en rapprocher, comment nous éloigner d'eux sans les blesser par l'indifférence ? Cela n'est possible que par la politesse et la distance, la réserve, la simulation, la convention » [46]. Les Allemands soigneraient insuffisamment le côté formel très pragmatique de ces nécessaires relations de bon voisinage, ils négligeraient les valeurs pratiques de la civilité, de la politesse, du droit positif jugées superficielles par rapport aux valeurs suprêmes que seraient pour eux l'amour, l'harmonie et la justice.

Goeudevert voit s'exprimer exemplairement cette « culture de l'intériorité » dans quatre domaines. D'abord dans l'attitude des Allemands vis-à-vis des violences xénophobes qu'ils considéreraient comme un problème allemand fondamental et qu'ils condamneraient plus d'un point de vue moral que d'un point de vue purement juridique, plus comme les signes d'un « mal » absolu que comme des actes criminels relevant avant tout des tribunaux. Dans la xénophobie de certains d'entre eux, beaucoup d'Allemands voient resurgir un démon allemand récurrent qui a mené aux horreurs du nazisme et qui confirme l'image négative qu'ils peuvent se faire de leur pays. L'émotion face à ce phénomène serait une question de principe : en Allemagne, à cause du passé, on n'aurait pas le droit d'être xénophobe. On s'indignerait publiquement plus qu'on ne songerait à élaborer des stratégies pratiques de lutte contre la xénophobie, on chercherait plus à convertir chaque délinquant au «bien» qu'à les punir comme des criminels qu'ils sont en réalité. Ce soin, exagéré selon Goeudevert, qu'on prend des délinquants xénophobes, il l'interprète aussi comme le résultat d'une possible identification avec un type de criminels que tous les Allemands, selon l'image trop négative qu'ils se font d'eux-mêmes, seraient en puissance et qu'ils pourraient devenir s'il n'étaient pas vigilants : « Les criminels, en tant que victimes 'véritables' et pour ainsi dire proches des Allemands, permettent à ces derniers de s'identifier avec eux, comme si les comprendre signifiait se comprendre soi-même, les amender s'amender soi-même » [47].

L'attitude des Allemands vis-à-vis du droit serait aussi trop passionnée et portée par une attente trop forte, irréalisable, de justice absolue. Ils confondraient la justice et le droit qui ne serait pas seulement pour eux un instrument destiné à réguler la vie en société (comme ce serait le cas en France), mais un principe. Très sensibles sur ce point, les Allemands, au moindre problème avec les autres, seraient prompts à aller devant les tribunaux, possédés d'une « fureur procédurière », sans chercher d'abord un arrangement à l'amiable. Emblématiques de cette « volonté d'avoir toujours le dernier mot » [48] seraient d'une part, dans la célèbre nouvelle de Kleist, le révolté Michael Kohlhaas qui, pour obtenir réparation d'une injustice, finit par mettre le Brandebourg à feu et à sang, d'autre part, à l'époque moderne, Bärbel Bohley, engagée en RDA pour la défense des libertés et qui, après la Réunification, a dit : « Nous voulions la justice et nous avons eu l'Etat de droit » [49].

Au fond, les Allemands aspirent à l'avènement immédiat de la justice sur terre. Ils voudraient que le monde se plie tout de suite à leurs vues en oubliant que la justice n'est jamais définitive, mais doit sans cesse être à nouveau construite : « La justice ne pourra jamais venir toute seule pas plus qu'elle ne pourra être décrétée par l'Etat, mais son étendue à tel ou tel moment est le résultat d'un processus jamais achevé visant à un équilibre des intérêts les plus divers » [50].

Les Allemands ne feraient pas preuve de suffisamment de réalisme et devraient donc, estime Goeudevert, accorder plus d'importance au monde extérieur et moins aux valeurs intérieures, morales, émotionnelles. Ils ne posséderaient pas cette culture « politique » qui, selon Hannah Arendt, caractérisait la Grèce antique et Rome et qui, raisonnablement, ne se préoccupait jamais de savoir si l'individu était bon, mais si son *comportement* était bon pour la société. Les Allemands ne se contenteraient pas « d'institutions, d'accords obligatoires qui donc vous engagent, ni d'actes politiques dignes de confiance, responsables – pour eux, ce sont des apparences, des choses formelles – non, une application politique de ses bonnes intentions ne suffit pas, on exige du recueillement, de la force de caractère, de la moralité » [51].

Cette absence de culture « politique », de ce sens pragmatique de la vie en société visant non à amender les hommes, mais à limiter les possibilités de conflits entre eux, Goeudevert la retrouve dans l'idée allemande du « peuple » (*Volk*) telle que Herder l'a forgée et qui dote chaque peuple d'une « âme » immémoriale qui s'exprimerait principalement dans la langue (des ancêtres) et dans la poésie (traditionnelle). Cette conception « culturelle », célébrant dans le peuple une « communauté » (*Gemeinschaft*) chaleureuse se retrouvant dans la vénération des mêmes valeurs venues d'un passé lointain, s'opposait naguère sciemment à la « civilisation » française, synonyme d'intelligence froide, de respect dans les relations humaines de formes vides, de contrat social liant artificiellement les hommes entre eux. L'idée allemande de peuple serait, dès le début et encore de nos jours, apolitique, voire anti-politique, à la différence de l'idée française de peuple [52]. A ce propos, Goeudevert cite Helmut Plessner qui, dans *Les limites de la communauté*, critiquait lui aussi les excès de la culture allemande de l'intériorité [53]. Cet idéal allemand d'une « communauté » la plus homogène possible ayant gommé le plus possible les différences, sources de conflits, entre les hommes, Goeudevert le retrouve aujourd'hui dans l'effort de consensus que feraient les hommes politiques allemands [54]. Pour notre auteur, les Allemands voudraient toujours supprimer les différences existant réellement entre les hommes, souhait totalement utopique. Ils devraient apprendre au contraire à cultiver l'art, qui constitue la civilisation, de faire *comme si* les hommes étaient égaux : « L'égalité n'est pas à prendre à la lettre, par exemple comme homogénéité, mais plutôt abstraitement, comme un commandement: nous devons faire comme si tous étaient égaux pour qu'il y ait le plus de justice possible » [55]. Mais si Goeudevert dit que les Allemands ont du mal à quitter les « pièces bien chauffées de la communauté », il reconnaît qu'ils sont en train de se libérer de cette conception trop idéaliste de la vie en société aspirant à une proximité trop utopique entre les hommes [56].

Il est enfin un quatrième domaine où Goeudevert voit s'exprimer cette dévalorisation du monde extérieur, de la pratique quotidienne par rapport aux exigeantes valeurs intérieures, c'est la façon dont les Allemands aiment leurs femmes. Ce thème fait l'objet du chapitre intitulé *Le secret de l'amour* [57] construit autour d'un échange entre l'auteur et sa femme allemande Gabi au sujet d'une comparaison entre amours françaises et amours allemandes. Gabi et son mari sont d'accord pour dire avec ironie que l'homme allemand ne cultiverait pas sa relation amoureuse, mais aurait tendance à la garder dans une châsse comme une relique « pour que cette chose précieuse ne s'abîme surtout pas au contact de la vie quotidienne ou pour qu'elle ne s'épuise pas à cause d'un usage intensif » [58]. L'Allemand considérerait qu'aimer une femme est quelque chose de sacré destiné à durer éternellement en oubliant qu'il est indispensable de travailler chaque jour à perpétuer cet amour : « L'amour est pure pratique ou il n'est pas. Il est échange, a besoin de métabolisme, il n'existe ni ne dure tout simplement, mais on doit en permanence se préoccuper de lui » [59]. Les Français par contre sauraient que l'amour doit être entretenu, qu'il faut le construire chaque jour, qu'il convient de faire des efforts pour sa survie. C'est ce pragmatisme que Gabi reconnaît à son mari Daniel : « Je ressens ton amour comme dialogique, actif et léger tandis qu'en comparaison les hommes allemands aiment plutôt de manière monologique, passive et lourde » [60]. Les Français amoureux seraient au fond des réalistes qui n'attendraient jamais trop d'une relation amoureuse, tandis que les Allemands seraient des idéalistes invétérés qui demanderaient trop au partenaire et ne pourraient donc qu'être sans cesse déçus par lui.

On constate que toutes ces réflexions fort stimulantes sur la culture allemande de l'intériorité s'inscrivent dans l'image traditionnelle en France depuis Mme de Staël d'une Allemagne « romantique » caractérisée par la profondeur des sentiments et de la pensée [61]. Mais si Mme de Staël mettait en évidence les côtés positifs (philosophie et littérature touchant à des choses essentielles) et négatifs (perte du sens des relations sociales quotidiennes) de ce goût des profondeurs, Goeudevert n'en souligne que les inconvénients, cet idéalisme exigeant pour les autres qui n'aurait pas assez le sens des réalités, de ce qu'on peut raisonnablement demander à autrui, qui n'aurait pas assez le respect des autres individus, des innombrables différences individuelles auxquelles chacun est confronté dans la vie de tous les jours et dont on est obligé de tenir compte. Mais Goeudevert, comme Mme de Staël, reconnaît en somme une scission chez les Allemands entre leur vie publique (domaine des relations sociales quotidiennes avec des gens avec qui on n'a pas obligatoirement d'affinités particulières) et leur vie privée (domaine du sentiment, de l'amour, des prédilections, de l'idéal). Cette scission est sans doute à la racine de la contradiction soulignée par notre auteur entre le fait que les Allemands peuvent osciller entre des extrêmes, être tantôt (trop) réservés et tantôt (trop) francs, mais il ne semble pas voir que la sècheresse fermée est plutôt réservée au domaine professionnel, où elle est considérée comme un gage d'efficacité, et la sincérité plutôt réservée au domaine privé [62].

Même si Goeudevert n'utilise pas cette métaphore psychiatrique un peu brutale, il pense que les Allemands sont plus ou moins « schizophrènes », l'une des caractéristiques allemandes principales reconnues par Sylvia Schroll-Machl qu'elle traite dans le chapitre intitulé *Séparation des domaines de la vie privée et de la vie publique* [63]. Selon elle, les Allemands distingueraient entre la sphère privée où ils sont vraiment eux-mêmes, peuvent se laisser aller, vivre leurs sentiments, épanouir leur personnalité, et la sphère publique, particulièrement professionnelle, où il convient d'être rationnel, de respecter certaines formes préétablies, jouer le rôle qu'on attend d'eux. Pour l'Allemand, la vraie vie se déroulerait à l'intérieur, dans l'intimité, non à l'extérieur, sur la place publique.

Le culte des règles

Quant au dernier des trois traits allemands plus particulièrement mis en évidence par Goeudevert, il s'agit du besoin qu'auraient les Allemands de tout réguler et réglementer dont il analyse les formes en partant de son expérience comme président du directoire de Ford entre 1981 et 1989. Sa description du style de fonctionnement d'une grande entreprise allemande occupe le chapitre *Une carrière allemande* [64]. Le management allemand aurait été pour lui en tant que Français un « choc culturel » [65] car il a découvert un monde figé où chacun a sa tâche bien délimitée à remplir en respectant quantité de règles. Ford lui est apparu comme un « microcosme où il semblait y avoir une règle pour tout ce que l'on fait. Ici, rien n'était laissé au hasard, tout était scrupuleusement réglementé, les responsabilités bien séparées et minutieusement réparties entre les membres du directoire » [66]. Même si Goeudevert sait voir les avantages d'un tel système que sont une transparence, une précision, une sûreté d'action, une discipline du personnel accrues, il déplore ce contrôle omniprésent qui étouffe toute spontanéité. Il semble préférer le style de management français où ne comptent pas que les règles et les informations écrites, mais aussi les discussions informelles, l'expression inopinée d'opinions personnelles, les questions non inscrites à l'ordre du jour, les blagues, toutes choses qui seraient bannies des entreprises allemandes. Goeudevert ne pense d'ailleurs pas qu'un tel système obéissant à la devise « La confiance, c'est bien, le contrôle, c'est mieux » soit plus efficace en fin de compte qu'un système privilégiant la confiance [67]. Mais ses efforts pour assouplir la rigidité du management allemand n'ont que partiellement réussi, nous confie-t-il, car on ne change pas du jour au lendemain les mentalités obéissant à la loi de l'inertie [68]. Or les Allemands auraient, nous dit Goeudevert, le culte des réglementations qui seraient devenues pour eux une fin en soi, ce en quoi il rejoint Sylvia Schroll-Machl qui écrit : « Les structures et les règles prennent une valeur morale » ou « Etre Allemand signifie faire une chose pour elle-même » [69]. En Allemagne, une personne sérieuse est une personne qui sait respecter des règles imposées. Le respect des règles aurait, selon Goeudevert, une valeur en soi alors que les Français considéreraient que les règles ne sont que des moyens, que de simples instruments pour arriver à une fin et dont on peut d'ailleurs changer au gré des circonstances [70].

Ce souci des Allemands de ne pas enfreindre des règles bien établies, Goeudevert en voit une expression typique dans la *Tagesschau*, bulletin d'informations de la première chaîne de télévision dont il déplore la raideur et la froideur immuables de la présentation [71]. Cependant, il constate que l'Allemagne est plus souple qu'à l'époque où il l'a connue. Dans les années 50, l'école lui paraissait manquer terriblement de vie et « figée dans des rituels » autoritaires [72] et le repas du soir (*Abendbrot*) était « un rituel fixe, une institution, [...] quelque chose comme le rendez-vous de la famille », ce qui n'est absolument plus le cas aujourd'hui [73].

Ce besoin qu'auraient les Allemands de règles, conçues comme des garde-fous, fait partie intégrante de l'image traditionnelle en France (et dans bien d'autres pays) d'une Allemagne éprise d'ordre, de méthode, d'organisation, de discipline, d'ensembles clairs où tout est à sa place, où tout est prévu [74]. Des sept caractéristiques principales des Allemands mises en relief par Sylvia Schroll-Machl, quatre, dont elle traite en premier sur presque cent pages, ont un rapport avec ce besoin d'ordre : la concentration sur les seules tâches à effectuer (*Sachorientierung*), le respect des structures et des règles (*Wertschätzung von Strukturen und Regeln*), le contrôle en fonction de règles et intériorisé (*Regelorientierte, internalisierte Kontrolle*) et la gestion rationnelle du temps (*Zeitplanung*) [75].

Dans *Wie Gott in Deutschland*, Goeudevert essaie de comprendre et de faire comprendre aux Allemands les mœurs de leur pays. Il les observe certes avec lucidité, mais souvent avec humour et en s'efforçant d'être objectif, d'être juste avec eux, du moins autant que le permettent certaines préventions culturelles françaises. En effet, comme nous l'avons mentionné au fil de l'article, les caractéristiques allemandes mises plus particulièrement en évidence par notre auteur correspondent à celles que la science interculturelle actuelle, représentée par exemple par Sylvia Schroll-Machl, a dégagées. Cependant, on remarque que la façon qu'a Goeudevert de présenter les « standards culturels » (Sylvia Schroll-Machl utilise le terme de *Kulturstandards*) allemands suit certaines voies traditionnelles de l'image de l'Allemagne en France. Selon une vieille habitude soulignée entre autres par le grand germaniste René Cheval, il pense les deux pays « en termes antinomiques [...]. Français et Allemands incarnent deux variétés de l'humain à l'opposé l'une de l'autre, vouées à des conflits éternels, ou au contraire, pour quelques idéalistes, à une synthèse d'autant plus fructueuse que l'écart entre eux est plus grand » [76]. Goeudevert oppose lui aussi des Allemands ordonnés, disciplinés, un peu raides et des Français plus souples qui ne craignent pas l'imprévu ni l'improvisation, des Allemands idéalistes qui exigent beaucoup du monde et des autres et des Français plus réalistes qui savent que la perfection n'est pas de ce monde.

D'autre part, si Goeudevert considère son livre comme une « déclaration d'amour » faite à l'Allemagne, il n'empêche qu'il apparaît souvent comme un donneur de leçons lorsqu'il conseille aux Allemands d'être moins exigeants et passionnés, d'accorder moins d'importance aux valeurs liées à leur « culture de l'intériorité », de développer donc une «culture politique» à la française qui n'attend pas que les gens pensent et sentent bien, mais simplement se comportent bien. Le chapitre qu'il consacre à l'humour en Allemagne donne à notre avis une image caricaturale d'Allemands qui manqueraient totalement d'humour ou qui, quand ils auraient programmé de rire à certains moments bien précis, seraient incapables de rire d'eux-mêmes et n'apprécieraient que les plaisanteries les plus grossières [77]. Image injuste pour qui connaît un peu la grande variété de ton des innombrables excellents comiques allemands actuels à succès, *Comedians* et autres *Entertainer*, allant de Hape Kerkeling à Michael Mittermeier en passant par Anke Engelke ou Dieter Nuhr. Par cette attitude un peu condescendante postulant que la culture française serait quelque part supérieure à l'allemande en retard dans certains domaines (l'humour par exemple), Goeudevert corrobore finalement l'image, traditionnelle en Allemagne depuis des siècles, d'une France arrogante [78].

En cela, le livre de Gouedevert est donc très «français», mais, unique dans son hybridité, il est en même temps très «allemand» en ce qu'il s'inscrit dans cette tendance en Allemagne depuis une dizaine d'années à décomplexer des Allemands ayant, surtout après les atrocités de l'épisode nazi, une faible opinion d'eux-mêmes en tant que nation. Il suffit de penser au fameux discours controversé de Martin Walser en 1997 où il refusait l'instrumentalisation qui, selon lui, serait faite en Allemagne de la Shoah à des fins moralisantes ou bien à des best-sellers comme en 2002 *En crabe (Im Krebsgang)* de Günter Grass (évoquant le drame du *Gustloff*, le bateau chargé de fugitifs coulé par l'Armée Rouge en janvier 1945) ou, en 2002 aussi, *L'incendie (Der Brand)* de l'historien Jörg Friedrich (sur les meurtriers bombardements alliés des villes allemandes en 1943, 1944 et 1945) ou encore aux téléfilms à grand spectacle vus par des millions de téléspectateurs comme *Dresden* en 2006 (sur le bombardement de Dresde en février 1945), *Die Flucht* en 2007 (sur les souffrances subies par la population allemande fuyant en janvier 1945 devant l'Armée Rouge) [79] ou *Die Gustloff* en 2008. Ces livres et films présentent les Allemands non plus seulement comme des bourreaux, mais comme des victimes des Alliés. En incitant les Allemands à s'aimer davantage, à se faire une image moins négative d'eux-mêmes, le Français germanophile Goeudevert participe lui aussi, consciemment ou inconsciemment, à cette entreprise visant à redonner aux Allemands une nouvelle innocence que leur histoire récente leur aurait fait complètement perdre et leur donne ainsi, à son certes modeste niveau, une sorte de caution de l'étranger.

Notes

1. *Wie ein Vogel im Aquarium*, Rowohlt, 1996. Traduction française d'Olivier Mannoni : *Comme un oiseau dans l'aquarium*, Bayard, 1998. L'autre livre de Goeudevert traduit en français est le premier qu'il ait publié : *Die Zukunft ruft. Management, Märkte, Motoren*, Busse + Seewald, 1990. Traduction française: *Des voitures et des hommes*, De Fallois, 1992.

2. *Wie Gott in Deutschland*, Econ, 2002. En 2004, le livre a été publié en livre de poche chez Ullstein. Désormais, cet ouvrage ne sera plus désigné en note que par le sigle *WGD*.
3. *Comme un oiseau dans l'aquarium*, *op. cit.* (note 1), p. 58.
4. Lothar Baier, *Un Allemand né de la dernière guerre. Essai à l'usage des Français*, Bruxelles, Edition Complexe, 1985.
5. *Comme un oiseau dans l'aquarium*, *op. cit.*, p. 153.
6. *WGD*, p. 10. L'ouvrage n'ayant pas été traduit en français, c'est nous qui traduisons.
7. *Ibid.*, p. 10.
8. *Ibid.*, p. 11.
9. *Ibid.*, p. 9.
10. Cf. notre article paru dans *Allemagne d'aujourd'hui* n° 182 (octobre-décembre 2007) : *Des profondeurs de l'âme à la chair du quotidien. Deux images de l'Allemagne en France : 'L'âme allemande' (1933) de Louis Reynaud et 'Cousins par alliance' (2002) de Béatrice Durand*, pp. 135-149.
11. *WGD*, pp. 55-56.
12. *Ibid.*, p. 11.
13. *Ibid.*, p. 11.
14. Sylvia Schroll-Machl, *Die Deutschen – Wir Deutsche. Fremdwahrnehmung und Selbstsicht im Berufsleben*, Vandenhoeck & Ruprecht, 2007 (3. Auflage), pp. 28-29 (traduit par nous).
15. *WGD*, p. 43.
16. *Ibid.*, p. 45.
17. Jean-Noël Jeanneney (éd.), *Une idée fausse est un fait vrai. Les stéréotypes nationaux en Europe*, Editions Odile Jacob, 2000. Cf. par exemple l'avant-propos de Jeanneney, p. 14.
18. *WGD*, pp. 23-39.
19. *Ibid.*, p. 24.
20. *Ibid.*, p. 24 (« streng terminierter Frohsinn »).
21. Cf. notre article paru dans *Allemagne d'aujourd'hui* n° 167, pp. 69-92 : *La mélancolie, point de fuite de quatre images de l'Allemagne en France : Mme de Staël, Brigitte Sauzay, Bernard Nuss, Michel Meyer.*
22. *WGD*, p. 28.
23. *Ibid.*, p. 26.
24. *Ibid.*, p. 31 (« Wettbewerb der 'Lastenträger' »).
25. *Ibid.*, p. 31.
26. *Ibid.*, p. 32 (« Sozialneid »).
27. *Ibid.*, p. 33 (Goeudevert parle de « Larmoyanz »).
28. *Ibid.*, p. 34.
29. *Ibid.*, pp. 34-35.
30. *Ibid.*, p. 47.
31. *Ibid.*, p. 47.
32. *Ibid.*, pp. 35-39.
33. *Ibid.*, pp. 45-46.
34. *Ibid.*, p. 88.
35. *Ibid.*, p. 7.
36. *Ibid.*, p. 74.
37. *Ibid.*, p. 46.
38. *Ibid.*, p. 49.
39. *Ibid.*, p. 184ss.
40. *Ibid.*, p. 185.
41. *Ibid.*, p. 78.
42. Cf. notre article paru dans *Allemagne d'aujourd'hui* n° 167, pp. 69-92 : *La mélancolie, point de fuite de quatre images de l'Allemagne en France : Mme de Staël, Brigitte Sauzay, Bernard Nuss, Michel Meyer.*
43. Sylvia Schroll-Machl, *op. cit.* (note 14), pp. 18-19.
44. *Ibid.*, p. 153. Cf. aussi p. 169.
45. *WGD.*, p. 88.
46. *Ibid.*, p. 93.
47. *Ibid.*, p. 81.
48. *Ibid.*, p. 83 : « Prozesswut », « Rechthaberei ».
49. *Ibid.*, p. 85.
50. *Ibid.*, p. 86.
51. *Ibid.*, p. 87.
52. *Ibid.*, p. 89.
53. *Ibid.*, p. 89 où Goeudevert cite *Die Grenzen der Gemeinschaft* (1924) de Plessner : « Unser moralische Haltung leidet an einer Überbetonung der Gesinnung, des Gewissens und der innerlich erfassbaren Werte ».
54. *Ibid.*, p. 92.
55. *Ibid.*, p. 100.
56. *Ibid.*, p. 97.
57. *Ibid.*, pp. 111-127 : « *Das Geheimnis der Liebe* ».
58. *Ibid.*, p. 117.

59. *Ibid.*, pp. 119-120.
60. *Ibid.*, p. 117.
61. Cf. la partie intitulée *Le goût ambivalent des profondeurs* dans notre article d'*Allemagne d'aujourd'hui* n° 167, *op. cit.* (voir note 42), pp. 80-84.
62. *WGD, op. cit.*, p. 57ss.
63. Sylvia Schroll-Machl, *op. cit.* (note 14), pp. 141-169 : *Trennung von Persönlichkeits- und Lebensbereichen.* Elle emploie elle-même le terme « schizophren » à la page 167.
64. *WGD, op. cit.*, pp. 221-231.
65. *Ibid.*, p. 224.
66. *Ibid.*, p. 225.
67. *Ibid.*, p. 228.
68. *Ibid.*, pp. 230-231.
69. Sylvia Schroll-Machl, *op. cit.* (note 14), pp. 95 et 98.
70. *WGD., op. cit.*, p. 261.
71. *Ibid.*, pp. 61-62.
72. *Ibid.*, p. 152.
73. *Ibid.*, p. 149.
74. Cf. la partie intitulée *Un goût ambivalent de l'ordre* dans notre article d'*Allemagne d'aujourd'hui* n° 167, *op. cit.*, pp. 84-88.
75. Sylvia Schroll-Machl, *op. cit.* (note 14), pp. 47-138.
76. *L'imagerie franco-allemande : naissance et cheminement des représentations.* In René Cheval, *Le Coq et l'Aigle*, Peter Lang, 1990, p. 92.
77. *WGD*, pp. 51-64 : *Verstehen Sie Spaß ?*
78. Cf. notre article paru dans *Allemagne d'aujourd'hui* n° 179, pp. 79-99 : *Jeux et enjeux de la ressemblance et de la différence. Deux images de la France en Allemagne : 'Vom Glück, Franzose zu sein' de Ulrich Wickert et 'Mein Frankreich' de Klaus Harpprecht.*
79. Cf. l'article critique de Anne-Marie Corbin dans *Allemagne d'aujourd'hui* n° 181, pp. 124-131 : *Le téléfilm 'Die Flucht' : Une présentation complaisante des victimes allemandes.*

COMPTE RENDU

Les mémoires d'un juif alsacien : Ernest Weill

Ernest Weill : *Die Loreley oder der verfluchte Mythos. Lebens-erinnerungen eines elsässischen Juden 1915-1945*, Haland & Wirth im Psychosozial Verlag, Giessen, 2008, 168 p.

Ces souvenirs d'un Juif alsacien, dont la version originale a été rédigée en français, sont parus chez un éditeur allemand grâce à l'entremise de Madame Anneliese Leicher-Olbrich, une amie de la famille à l'époque déjà lointaine où l'auteur vivait à Bonn et au soin apporté à la traduction de l'ouvrage par le psychanalyste de Fribourg, Tilmann Moser. Il est regrettable que cet écrit n'ait pas retenu l'attention d'une maison d'édition française car il s'agit d'un témoignage exceptionnel sur une période peu connue de l'histoire des relations franco-allemandes et l'expérience vécue par Ernest Weill pendant la montée du nazisme et la seconde guerre mondiale nous éclaire sur la vision qu'un Alsacien francophile pouvait avoir de la question allemande aux heures les plus sombres de l'histoire européenne.

A certains égards, ces souvenirs s'apparentent à ceux des Alsaciens qui avaient été arrachés à leur patrie en application du traité de Francfort du 10 mai 1871 et qui avaient choisi de rester au pays pour perpétuer l'esprit français en terre allemande et faire en sorte que « la France reprenant un jour possession de ses provinces y retrouvât ses fils comme preuves vivantes de son bon droit ». On sait que Maurice Barrès, le doctrinaire du nationalisme français, n'a cessé d'encourager cette attitude et dans son roman « Au service de l'Allemagne » il rend hommage à l'abnégation de son héros, l'Alsacien Ehrmann, qui avait accepté le service militaire sous l'uniforme allemand et en refusant d'émigrer avait « subi l'inévitable pour maintenir ce qui ne meurt pas ». On retrouve les mêmes accents dans le livre autobiographique du professeur Robert Redslob paru en 1933 sous le titre « Entre la France et l'Allemagne. Souvenirs d'un Alsacien » même si l'auteur n'hésite pas à qualifier de hasardeux le choix de ceux qui avaient « sacrifié la France et continuaient de vivre sur le sol de leurs aïeux dans l'espoir de faire de l'Alsace leur patrie ».

Selon lui il s'agissait là d'une pieuse erreur car « une patrie n'est pas seulement un pays mais une communauté spirituelle encadrée par un même Etat ». Ecrivant à une époque où l'Alsace était redevenue française il reconnaissait franchement que la politique de « l'Alsace aux Alsaciens » était un échafaudage de leur fantaisie et qu'il se serait effondré si l'Allemagne avait continué d'y exercer sa domination. Robert Redslob fait preuve de la même lucidité lorsqu'il dénonce les illusions des Alsaciens qui tentaient de se persuader que le fait de vivre entre la France et l'Allemagne et leur appartenance à une double civilisation leur conféraient la mission de rapprocher les deux peuples. Or, à la veille de la grande guerre « l'Alsace française se mourait » et « quand les troupes de la République victorieuse entrèrent en Alsace en 1918 elles y trouvèrent une France en ruines ». Le recouvrement des provinces perdues d'Alsace et de Lorraine a donc été une divine surprise mais on peut soutenir comme l'a fait Maurice Barrès dans son discours aux étudiants de Strasbourg du 24 novembre 1920 que cet événement a justifié a posteriori l'attitude de ceux qui « avaient maintenu une présence française sur le sol natal et montré le moyen de subir sans démérite le joug étranger ».

Les sentiments francophiles de Ernest Weill ne le cèdent en rien à ceux des Alsaciens de l'époque héroïque dont les tribulations sont évoquées avec justesse dans le roman emblématique de René Bazin, *Les Oberlé*. Mais il n'a pas subi les mêmes épreuves et n'a pas été déchiré comme eux par une double allégeance. Né en 1915 de parents alsaciens, il a été réintégré de plein droit dans la qualité de Français en exécution du traité de Versailles du 28 juin 1919. Il a passé son enfance et son adolescence à Bonn et jusqu'à l'âge de 16 ans il a reçu une éducation allemande à l'école primaire et au lycée de sa ville natale. Pendant ses études secondaires, il présentait la particularité d'être le seul Français et le seul Juif de sa classe, mais cette singularité ne l'a pas empêché d'entretenir des relations cordiales avec ses condisciples et de participer avec les enfants des familles chrétiennes de son entourage à la célébration de fêtes religieuses comme Noël et la procession de la Saint Martin. Les pages consacrées à l'évocation des années heureuses qu'il a passées à Bonn dans les années 1920 soulignent l'absence de tout nationalisme agressif à l'époque où la République de Weimar était « gouvernée au centre » et avait amorcé un processus de réconciliation avec « l'ennemi héréditaire » sous l'impulsion de Gustav Stresemann. Mais la situation se dégrade après que la crise provoquée par le krach boursier de 1929 eut fait sentir ses effets en Allemagne. Le jeune Ernest Weill observe la montée de la violence dans la rue où les milices des partis politiques s'affrontent rudement et relève la fascination exercée par le nazisme sur un nombre croissant d'Allemands qui y voient une école de discipline et la voie du salut. Toutefois, il continue de cohabiter pacifiquement avec les élèves de son lycée même avec ceux qui ont adhéré aux jeunesses hitlériennes et reconnaît que le corps enseignant faisait preuve de retenue dans l'expression de ses préférences politiques et penchait dans sa majorité vers la droite ou la gauche modérée.

En 1931, ses parents décidèrent de l'envoyer en France pour y poursuivre ses études car ils estimaient qu'un Français d'ascendance alsacienne n'avait aucun avenir en Allemagne et que le destin de leur fils se jouerait dans la « République une et indivisible » dont la devise – « liberté, égalité et fraternité » sonnait comme un défi à l'esprit de soumission et à l'instinct grégaire (*Herdeninstinkt*) qui gagnaient du terrain outre Rhin. C'est ainsi que Ernest Weill entama au lycée d'Auxonne un cursus qui allait transformer l'Alsacien de culture allemande en un citoyen français à part entière. Après avoir obtenu son baccalauréat, il s'inscrivit à la Faculté de Droit de l'Université de Strasbourg où ses parents s'étaient établis après l'aryanisation du magasin à succursales multiples où son père exerçait des fonctions de direction. Titulaire d'une licence, son intention était de faire carrière dans la magistrature mais avant de s'engager dans la vie professionnelle il décida de faire son service militaire et c'est en qualité d'officier de réserve affecté à un régiment d'infanterie de forteresse de la ligne Maginot que la guerre le surprit en septembre 1939.

L'inaction à laquelle il était condamné pendant la « drôle de guerre » lui pesait et il se porta volontaire pour exercer un commandement dans un régiment d'infanterie coloniale. Celui-ci fut engagé dans les Ardennes pour combler la brèche ouverte en mai 1940 par la défection du corps d'armée CORAP et se livra à des combats de retardement jusqu'à sa reddition ordonnée par le général Dubuisson en application de l'accord d'armistice du 22 juin. Fait prisonnier, Ernest Weill passa toutes les années de guerre dans différents *Oflags* et notamment à Colditz et à Lübeck où le régime imposé par les Allemands était particulièrement rigoureux. Ce n'est qu'à son retour en France en mai 1945 qu'il apprit les malheurs qui s'étaient abattus sur sa famille et la mort de son père assassiné à Auschwitz. L'énormité des crimes commis par les nazis au nom de leur politique raciale le renforça dans sa défiance à l'égard d'un peuple qui avait cédé à de telles dérives et lorsqu'il se rendit en Allemagne en 1947 pour réaliser une enquête d'opinion pour le compte du bureau d'information des forces françaises d'occupation, il prit conscience de la volonté de ses interlocuteurs d'oublier, sinon d'occulter le passé. Lors de son passage à Bonn, il se refusera à tout contact avec d'anciennes connaissances dont il ne savait pas s'ils avaient adhéré avec ferveur au régime hitlérien ou s'ils s'étaient bornés à le subir passivement.

Dans la France libérée, Ernest Weill est tout aussi décontenancé par le comportement de ses compatriotes qui tentent de faire oublier leur passivité, voire leurs compromissions avec l'occupant en s'attribuant à bon compte des brevets de résistant ou en faisant de l'excès de zèle dans l'épuration des collaborateurs. Il est particulièrement indisposé par les palinodies des fonctionnaires qui avaient fidèlement servi « l'Etat français » de Vichy et prêté la main à la persécution des Juifs et qui mettaient désormais leurs talents au service de la restauration de l'ordre républicain. Ce sont les injustices et les exactions dont il a été témoin pendant la période transitoire qui a précédé l'avènement de la IVe République, qui le conduisirent à renoncer à la carrière de magistrat à laquelle il se destinait pour ne pas être contraint d'appliquer des lois qui seraient contraires au dictamen de sa conscience en cas de changement de régime politique ou social. En définitive, il opta pour un poste de juriste dans une entreprise internationale fondée par le fils d'un banquier israélite avec lequel il s'était lié durant sa captivité en Allemagne mais le déroulement de sa vie professionnelle n'est pas évoqué dans ce livre qui ne couvre que les trente premières années de sa vie.

« La Loreley ou le mythe maudit » ne se réduit pas à des souvenirs pieux rédigés à l'intention de sa famille mais devrait également retenir l'attention de ceux qui cultivent la mémoire des événements tragiques qui ont marqué le XXe siècle et œuvrent pour l'instauration d'un ordre de paix qui empêcherait le retour aux errements anciens. En effet, l'itinéraire personnel de Ernest Weill est étroitement lié à l'histoire de l'Allemagne et des relations franco-allemandes et les observations auxquelles il se livre sont pleines d'enseignement sur la vie sociale en Rhénanie et en Alsace au lendemain de la première guerre mondiale. En outre, il jette un regard lucide sur l'affaissement de l'esprit public et « la décadence de la politique étrangère de la France » (Jean-Baptiste Duroselle) pendant les dernières années de la IIIème République. Il désapprouve l'accord de Munich dont la signature coïncide avec la fin de son service militaire et il n'hésite pas à dénoncer un pacifisme qui s'aveugle sur l'imminence et la gravité de la menace allemande. Il souligne les faiblesses de l'appareil militaire à la veille de l'épreuve de force et ne ménage pas ses critiques sur la manière dont la guerre est conduite à partir de septembre 1939. Enfin, pour avoir participé avec des moyens dérisoires aux combats contre les forces allemandes en mai et juin 1940, Ernest Weill est un témoin irrécusable des carences qui ont conduit à « L'étrange défaite » (Marc Bloch) et les sentiments que lui inspire l'armistice et les conditions de la reddition de son régiment témoignent d'un patriotisme sans faille.

Les cinq années de captivité qu'il a passées en Allemagne n'ont pas émoussé ses réflexes nationaux. Ainsi, il s'indigne de l'attitude des officiers français de l'*Oflag* de Münster qui avaient demandé à être libérés pour servir dans l'armée du général Dentz qui s'opposait en décembre 1940 à l'entrée des troupes britanniques et françaises libres en Syrie et au Liban. De même, il relate avec ironie un incident qui s'est produit à l'*Oflag* de Lübeck en 1944 lorsque des officiers traditionalistes ont refusé d'accueillir dans leur section un officier supérieur des Forces Françaises Libres (FFL) fait prisonnier par les Allemands sous prétexte qu'il avait gagné ses galons en continuant le combat sous les ordres du général de Gaulle. En définitive, ils ont dû céder aux injonctions du commandant du camp qui se montrait en l'occurrence plus respectueux qu'eux des conventions internationales régissant le sort des combattants en uniforme. Les pages consacrées par l'auteur à la vie des prisonniers font songer au film de Jean Renoir « La grande illusion » dans la mesure où les officiers bénéficiaient de la protection des conventions de Genève, pouvaient se livrer à des activités culturelles et usaient de toutes sortes de subterfuges pour se tenir informés des événements du monde extérieur. Certains tentaient de s'évader mais rares étaient ceux qui réussissaient dans cette entreprise. Ernest Weill n'était pas enclin à se lancer dans une telle aventure car elle n'avait de sens que dans la perspective d'une reprise de la lutte contre l'envahisseur et la dispersion de sa famille le privait d'un relais pour rejoindre Londres. En outre, son statut de Juif l'aurait exposé au pire dans la France occupée et tout en craignant un revirement des autorités allemandes dans leur attitude à l'égard des prisonniers de guerre « non aryens », il considérait que *l'Oflag* était le seul endroit où il pouvait échapper à la persécution antisémite.

Dans sa « Lettre à un otage », Saint-Exupéry évoque le souvenir d'un ami juif et s'inquiète de la manière dont il pourra survivre à la terreur allemande. « Pour imaginer qu'il respire encore, j'ai besoin de le croire ignoré de l'envahisseur, abrité en secret par le beau rempart de silence des paysans de son village ». Ernest Weill a bénéficié du rempart que lui conférait son uniforme d'officier français dans un camp allemand, mais il reconnaît que nombre de ses coreligionnaires ont été soustraits aux rafles perpétrées par les Allemands et leurs auxiliaires français grâce à l'action des Eglises chrétiennes qui les ont abrités dans des établissements religieux ou ont favorisé leur immersion dans la société civile. Nous ajouterons que même le clergé séduit par la « révolution nationale » de Vichy a participé sans réserve à ces opérations de sauvetage.

L'auteur conclut son propos par des considérations sur la genèse et le déploiement du national-socialisme et pose la question de sa place dans l'histoire de l'Allemagne. Selon lui, l'accession au pouvoir de Hitler n'était pas l'effet du hasard mais procédait de l'impuissance de la République de Weimar à surmonter la crise de 1929 et s'inscrivait dans la continuité de la politique de puissance menée par l'empire wilhelminien sous le signe du pangermanisme. Il rappelle que le programme du Führer dans sa formulation originelle répondait aux aspirations de la grande majorité des Allemands à tel point que des historiens qui ne sauraient être taxés de complaisance à l'égard du nazisme comme Joachim Fest et Sebastian Haffner ont pu soutenir qu'en 1938 le bilan du IIIe Reich était positif si l'on considère la relance de l'économie sous l'impulsion du Docteur Schacht, de la résorption du chômage et de la révision par des « voies pacifiques » des clauses du traité de Versailles qui avaient consacré l'abaissement de l'Allemagne et limité son influence en Europe centrale et orientale. Mais dès lors qu'il apparut clairement que les visées hégémoniques de Hitler déboucheraient sur une guerre totale et que les projets de conquête à l'Est se conciliaient mal avec une politique de puissance rationnelle, il était trop tard pour changer de cap. Le régime totalitaire instauré par les nazis excluait toute forme de résistance organisée et la seule alternative pour éviter la catastrophe était le tyrannicide. On sait que les attentats organisés par des individus isolés et les complots d'une fraction du corps des officiers échouèrent et que la « révolution du nihilisme » (Hermann Rauschning) fut menée jusqu'à son terme ultime sans provoquer un sursaut du peuple allemand.

S'agissant de l'antisémitisme, Ernest Weill estime que les Allemands n'y étaient pas plus enclins que les autres peuples européens mais Hitler avait besoin d'un bouc émissaire et il a réussi à convaincre les masses que les Juifs étaient responsables de leurs infortunes. Le reproche majeur qu'il fait aux Allemands est de ne pas s'être opposés fermement aux persécutions raciales dès lors qu'elles revêtaient la forme de pogromes comme celui de la « nuit de cristal » et d'avoir accepté passivement la déportation des Juifs même si le secret était maintenu sur le sort qui leur était réservé, l'existence des camps d'extermination et l'ampleur de la shoah n'ayant été révélées qu'après la fin de la guerre.

Le livre de Ernest Weill a été bien accueilli outre-Rhin mais certains commentateurs, tout en saluant la qualité de son témoignage, ont considéré qu'il faisait prévaloir une vision subjective de l'histoire et qu'il sacrifiait parfois à des stéréotypes dans son évocation des relations franco-allemandes. Certes, l'auteur ne prétend pas faire œuvre scientifique et son intention n'était pas d'analyser « les racines intellectuelles du IIIe Reich » (George Mosse), ni d'approfondir « la question nazie » (Pierre Ayçoberry). Il n'en reste pas moins que les leçons qu'il tire de son expérience personnelle à l'usage des générations futures méritent d'être entendues et que la référence à « La Loreley » pour illustrer la fascination exercée par Hitler sur le peuple allemand est particulièrement topique. Au demeurant l'auteur de ce chant populaire, Heinrich Heine, n'avait-il pas déjà annoncé dans ses écrits sur l'Allemagne parus à Paris en 1855 qu'un jour viendrait où les forces cachées du panthéisme germanique resurgiraient et où « Thor se dressera avec son marteau gigantesque et démolira les cathédrales gothiques ».

– Jean KLEIN –
Professeur émérite de l'Université Paris1 (Sorbonne)

COMPTES RENDUS

Martin Koopmann et Stephan Martens (éds.), *L'Europe prochaine. Regards franco-allemands sur l'avenir de l'Union européenne*, Paris, L'Harmattan (coll. Logiques politiques), 404 p.
Version allemande :
Das kommende Europa. Deutsche und französische Betrachtungen zur Zukunft der Europäischen Union, Baden-Baden

Cet ouvrage est à la fois un bilan 50 ans après la signature des Traités de Rome qui mette en oeuvre la Communauté économique européenne et une étude prospective de ce que l'Europe est en mesure de faire à l'avenir. Il tente donc de préciser quel projet commun l'Europe a en répondant à la question de savoir quelles tâches l'Europe avait vocation à traiter mieux que ses Etats membres, au nom de l'intérêt commun. Ce faisant il aborde, sous la plume des meilleurs spécialistes, historiens, politistes, analystes, politiques aussi, les questions clés de l'avenir de l'Europe : quelle communauté de destin constitue-t-elle, l'antinomie dialectique élargissement/approfondissement, le modèle social européen, l'Europe comme union de citoyens, etc. Il étudie le rôle des institutions européennes en matière de gouvernance politique et européenne et leur fonction par rapport aux Etats nationaux. Les tâches qui continueront d'unir les Etats européens à l'avenir sont ciblées comme étant – hélas ! – la lutte contre le terrorisme, la prévention des crises et des conflits, les relations extérieures de l'Europe, son approvisionnement énergétique. La place de l'Allemagne et de la France semble relativisée dans l'affaire par la place qui lui est consacrée dans un seul chapitre à part, mais n'est-ce pas le sens de l'histoire ? Encore que M. Koopmann et S. Martens les replacent, dans leur introduction, au cœur de l'Europe dont elles sont encore le moteur. L'ouvrage comprend une introduction politique due à Yves Bur, président Groupe parlementaire franco-allemand, et Andreas Schockenhoff, son homologue allemand, en même temps vice-président du Groupe parlementaire CDU/CSU au Bundestag. L'échec du référendum sur le projet de constitution européenne les conduit à réclamer un large débat public sur l'identité de l'Union européenne afin que celle-ci ne soit pas seulement perçue comme un marché commun mais aussi une communauté de valeurs fondant un sentiment d'appartenance commune. Ce sont là pro-pos classiques en période de crise, mais on relève l'idée que, pour eux, l'Union européenne doit désormais se concentrer sur ses tâches clés et répondre à des questions fondamentales telles que les frontières de l'Europe et se les poser non plus seulement en termes économiques ou politiques mais aussi en fonction de l'adhésion des citoyens de l'Union à de possibles élargissements. Une façon assez claire de prendre position sur la fin des élargissements sauvages, non fondées sur une identité culturelle commune. Cet ouvrage constitue un bilan essentiel à la connaissance de l'Union européenne et pose les questions fondamentales auxquelles Etats, citoyens et politiques se doivent d'apporter des réponses pour que l'Europe continue de se faire.

– J. V. –

Claire Demesmay et Daniéla Heimerl, *Allemagne, une mystérieuse voisine. Portrait en vingt tableaux*, Paris (Editions lignes de repères) 2009, 229 p.

La quatrième de couverture fournit la grille de lecture de cet ouvrage au style enlevé et rafraîchissant : « Les Allemands ont beau faire : aux yeux des Français, ils passent toujours pour des gens sérieux mais ennuyeux. Résultat, l'Allemagne [...] pays érigé en modèle pour ses performances économiques, demeure pour beaucoup d'entre nous à la fois mystérieuse et sans saveur. [...] Or, en Allemagne, la face radieuse est la face cachée ».

Les auteures ne tablent donc pas sur la peur qu'il faudrait avoir ou ne pas avoir de l'Allemagne, elles nous invitent à découvrir cette Allemagne que nous ne voulons pas voir et découvrons pourtant dès l'instant que nous nous y rendons sans pouvoir ensuite faire taire clichés et stéréotypes. Vingt tableaux pour dire l'Allemagne qui se souvient (la mémoire), s'affirme (dans le monde et face à son passé), provoque (punkette de la haute couture, méga bordels, cadavres exquis dans les spectacles et aussi Die Linke !), innove (mp3, la voiture, les éoliennes, mais aussi la fuite des cerveaux) et s'amuse (carnal de Cologne, Allemagne de l'Est, Hambourg et les paillettes de la Berlinale). Mais il ne faut pas s'y méprendre, l'entreprise d'explication de l'Allemagne ainsi entreprise est, sous des découverts désinvoltes, des plus sérieuse et parfaitement réussie.

– J. V. –

Isabelle Bourgeois (sous la dir. de) *Les médias à l'ère du numérique. Réflexions franco-allemandes pour l'Europe*, Cergy-Pontoise (Travaux et documents du CIRAC) 2008, 151p.

René Lasserre explique les enjeux politiques qu'une série d'experts aborde de façon plus technique dans le cœur de l'ouvrage. Le numérique l'emporte sur le télévision, ce faisant les frontières entre les médias s'en trouvent brouillées, les fonctions entre éditeurs, diffuseurs, fournisseurs d'accès se fondent. Quel type de société engendre cette

Evolution technologique dans le monde et plus particulièrement en Europe. Comment la France et l'Allemagne réagissent-elles ? L'ouvrage retrace les débats entre experts et professionnels réunis à Berlin en novembre 2006 dans le cadre d'un Dialogue franco-allemand sur les médias pour préciser les contours d'un modèle médiatique dans une économie du savoir et de la connaissance pour finalement construire la démocratie de la communication.

– Jérôme VAILLANT –

Edouard Husson, *Heydrich et la Solution finale*, Paris, Perrin, 2008, 484 p.

L'ouvrage, fruit de longues années de recherche et d'un travail d'habilitation à diriger des recherches en 2008, porte sur le rôle de Reinhard Heydrich, chef du Reichssicherheitshauptamt (RSHA) – le Bureau central de la sécurité du Reich – et bras droit d'Heinrich Himmler, dans le processus de décision qui mène au génocide des Juifs. E. Husson explicite le rôle éminemment capital de ce « technocrate de l'anéantissement » et architecte suprême du « judéocide » (terme employé pour la première fois par Eberhard Jäckel pour désigner la mort immédiate pour la majorité des Juifs d'Europe), chargé par Adolf Hitler et Hermann Göring, bien avant la conférence de Wannsee du 20 janvier 1942, de l'organisation de la « Solution finale de la question juive en Europe ». On considère souvent, aujourd'hui encore, que c'est cette Conférence qui est le point de départ de l'extermination systématique des Juifs, alors que les assassinats massifs – surtout ceux commis par les groupes d'intervention (*Einsatzgruppen*) de la SS – avaient déjà été systématiques depuis l'offensive déclenchée par la Wehrmacht en Union soviétique à l'été 1941. Comme l'explique Ian Kerschaw, dans sa préface, E. Husson apporte deux éléments novateurs à la littérature scientifique sur le thème du génocide. D'abord, grâce à une analyse détaillée de nombreux documents désormais accessibles en Allemagne, en France, en Russie et aux Etats-Unis, il montre l'existence, chez R. Heydrich, d'une pensée intrinsèquement génocidaire depuis 1940. Ensuite, l'historien propose comme date début novembre 1941 pour « l'ordre » (ou l'autorisation) donné par A. Hitler en vue de la mise en œuvre du génocide immédiat des Juifs de toute l'Europe, non plus seulement de ceux d'Union soviétique. Si on peut difficilement fixer une date précise, la consultation de documents essentiels datant de cette période permet à E. Husson de la rendre crédible.

L'auteur repère les spécificités de la déviance nazie, dotée d'une composante « polycratique », perversion totalitaire d'une disposition à l'exécution décentralisée des politiques, ce qui explique la vitesse avec laquelle le régime a pu déployer, à peine la guerre commencée, une dynamique de violence génocidaire et envisager un projet génocidaire plus global devant s'insérer dans un « remodelage » racial du continent européen. Le travail d'E. Husson est pionnier dans la mesure où aucun ouvrage scientifique d'ensemble n'est consacré au rôle précis joué par R. Heydrich dans la Solution finale. La lecture de cet ouvrage s'impose ne serait-ce parce qu'il amène à réfléchir sur l'ordinaire et effroyable aptitude de l'Homme à une extraordinaire inhumanité.

– S. M. –

James Sheehan, *Kontinent der Gewalt. Europas langer Weg zum Frieden*, Munich, Beck, 2008, 309 p.

L'historien James Sheehan, professeur à l'Université de Stanford, a publié de nombreux ouvrages sur l'histoire allemande et européenne. Il livre à présent une réflexion de fond sur l'Europe du XXe siècle, marqué par la violence et les conflits. Suite à deux guerres mondiales, l'Europe s'est reconstruite sur le postulat de la paix et de la prospérité, en rejetant la politique de puissance en tant que telle. Ainsi, en 2003, près de 90 ans après le début de la Première guerre mondiale, les capitales européennes connaissent les manifestations de masse les plus importantes de leur l'histoire contre la guerre en Irak lancée par l'administration américaine de George W. Bush et appuyée par le gouvernement britannique de Tony Blair. L'ouvrage s'articule autour de l'histoire ce cette mutation de l'Europe *« continent des guerres »* en une *« Union civile »* composée d'États démocratiques et de sociétés pacifiques.

Le président de l'American Historical Association analyse avec pertinence le développement du militarisme en Europe au cours des quatre premières décennies du XXe siècle. Sa thèse provocante, mais juste, est que la *« guerre était profondément ancrée dans le code génétique de l'État européen »*. Suite à la Seconde guerre mondiale, l'Europe connaît « l'Heure zéro », dans son acception défaite morale et matérielle totale. La paix durable qui s'instaure sur le vieux continent à partir de 1945 découle, selon l'auteur, de deux facteurs essentiels : l'ordre bipolaire « stabilisant » de la Guerre froide et le changement de mentalité des Européens (du militarisme au pacifisme). L'Europe contemporaine s'est en effet érigée sur le refus de la guerre et la puissance militaire est difficilement conciliable avec les normes qui fondent le compromis européen. La construction européenne est donc une façon de supprimer le retour aux rivalités qui ont mené l'Europe à sa perte, elle est un renoncement aux formes traditionnelles de la puissance, avec la revendication – allemande au départ et progressivement assez largement répandue – d'une identité de « puissance civile » pour la nouvelle Europe en voie de (ré)unification.

Il reste que si J. Sheehan célèbre l'essence civile de la politique étrangère des États membres de l'Union européenne (UE), il en tire aussi la conclusion que seuls les Etats-Unis auront la capacité (et la volonté) de continuer à jouer le rôle du gendarme mondial dans les décennies à venir. Il est certain que les Européens auront du mal à s'affirmer sur la scène internationale en s'accrochant au postulat d'une puissance (exclusivement) pacifique dans un monde de plus en plus marqué par les incertitudes.

– S. M. –

Eric Gujer, *Schluss mit der Heuchelei. Deutschland ist eine Grossmacht*, 2007, 104 p.
Stephan Bierling, *Die Huckepack-Strategie. Europa muss die USA einspannen*, 2007, 105 p.
Adam Krzeminski, *Testfall für Europa. Deutsch-Polnische Nachbarschaft muss gelingen*, 2008, 105 p.
Eckart Von Klaeden, *Kein Sonderzug nach Moskau. Deutsche Russlandpolitik muss europäisch sein*, 2008, 103 p.

Ces quatre essais édités par la Fondation Körber (Hambourg) font partie de la nouvelle collection « *Standpunkte* » (Points de vue) lancée en 2007 par Roger de Weck, actuel président du Graduate Institute of International and Development Studies de Genève. Cette collection a pour objectif de développer une réflexion critique sur une problématique d'actualité ayant trait à la politique internationale.

En finir avec l'hypocrisie, parce que l'Allemagne est une grande puissance : l'essai d'Eric Gujer, correspondant à Berlin de la *Neue Zürcher Zeitung*, semble annoncer le retour sur la scène internationale d'une grande Allemagne à la politique mondiale ambitieuse. Il n'en est rien – l'intitulé est quelque peu trompeur –, car l'auteur plaide surtout en faveur de la normalisation de la politique étrangère de l'Allemagne unifiée. *« Puissance régionale dominante en Europe »*, au même titre que la France, la Grande-Bretagne et la Russie, elle adopte encore trop souvent une attitude frileuse – telle une « grande Suisse » – alors que la *« confiance dans le leadership allemand est bien plus grande que Berlin ne veut l'admettre »*. Certes, pour l'auteur les critiques du gouvernement rouge-vert de Gerhard Schröder à l'encontre de l'administration de George W. Bush, en 2003, lors de la guerre en Irak, furent contre-productives : Berlin prit le risque d'une rupture durable du lien transatlantique. E. Gujer observe que l'attitude de G. Schröder a néanmoins permis de faire progresser le processus de normalisation : Berlin n'a plus de complexes, même pas vis-à-vis de Washington. Fustigeant le raisonnement d'un Joschka Fischer selon lequel l'Allemagne doit toujours avancer avec prudence parce que, en raison de son passé, elle inspirerait de l'inquiétude auprès de ses voisins, l'auteur considère que Berlin devrait afficher une plus grande assurance. Si on ne partage pas toutes les réflexions d'E. Gujer sur la renaissance d'une « Allemagne-puissance », l'essai se lit avec intérêt puisqu'il s'agit d'un regard extérieur porté sur la question de la puissance appliquée à l'Allemagne.

La forme future du lien transatlantique dépend de l'Europe, c'est ce que Stephan Bierling, professeur de politique internationale à l'Université de Regensburg, tend à démontrer dans son essai sur ce qu'il dénomme la « stratégie du ferroutage ». Si l'Europe est à la traîne d'une Amérique hyperpuissante, elle bénéficie cependant d'un pouvoir d'influence non négligeable sur Washington. Selon le politologue, l'Europe doit jouer cette carte si elle *« veut renforcer son influence sur le cours des événements mondiaux »*. La stratégie la plus pertinente consiste ainsi à promouvoir l'idée d'une véritable communauté euro-atlantique fondée sur l'explicitation d'intérêts mutuels. C'est au sein d'une telle communauté que les dirigeants de l'Union européenne (UE) pourront peser de tout leur poids sur les dirigeants américains et influencer leurs décisions. Cela présuppose une évolution de la pensée stratégique au sein même des États membres : l'Europe ne pourra pas accroître sa présence sur la scène mondiale en agissant uniquement comme une puissance pacifique qui mise quasi-exclusivement sur le multilatéralisme et la prévention diplomatique. A l'avenir, une Union qui souhaite *« être prise au sérieux dans le concert des grandes puissances »* devra accroître ses capacités militaires et économiques et faire preuve d'une grande volonté politique. Pour S. Bierling, le modèle de la « puissance civile » n'est pas adapté aux réalités internationales. Pour faire face aux défis et aux menaces du XXIe siècle, l'UE devra se doter d'un véritable concept stratégique, incluant la force militaire.

Pour Adam Krzemiński, essayiste polonais et l'un des meilleurs spécialistes de l'histoire de l'Allemagne contemporaine, les relations germano-polonaises doivent enfin s'apaiser. Alors que la Pologne est membre de l'UE, que Bonn/ Berlin et Varsovie ont depuis 1990 signé toute une série de traités et d'accords d'amitié et de coopération, notamment sur la reconnaissance de l'intangibilité de la frontière occidentale de la Pologne, les rapports entre ces deux pays restent compliqués en raison du souvenir de la Seconde guerre mondiale et de ses con-séquences. A. Krzemiński appelle d'ailleurs à une *« dé-émotionnalisation »* de ces relations. Mais tout processus de normalisation ne pourra aboutir que le jour où les Polonais n'auront plus à craindre la mise en œuvre d'une politique russe de l'Allemagne qui ignorerait les intérêts des pays d'Europe centrale. Si cette crainte peut paraître obsessionnelle, c'est parce que les Allemands continuent à la sous-estimer et qu'ils n'intègrent pas suffisamment les préoccupations polonaises dans leurs réflexions sur les intérêts nationaux allemands en Europe. Afin d'éviter d'éventuels cavaliers seuls germano-russes, l'auteur en appelle à l'émergence d'une réelle *« Ostpolitik commune de l'Union européenne (UE), vis-à-vis de la Russie, de l'Ukraine, de la Géorgie et de la Biélorussie »*.

Eckart von Klaeden, porte-parole pour la politique étrangère du groupe CDU/CSU au Bundestag, plaide en faveur d'une politique européenne de la Russie, parce qu'il ne doit pas exister de relation bilatérale spécifique entre Berlin et Moscou. L'auteur se fait l'interprète de la position d'une large majorité de chrétiens-démocrates qui a toujours misé sur une politique russe moins « passionnelle » que celle menée par les sociaux démocrates (SPD). E. von Klaeden critique fortement les partisans d'une politique germano-russe « sans états d'âme », à l'exemple de ceux qui souhaitent promouvoir une politique du « rapprochement par l'interdépendance » (*Wandel durch Verflechtung*) – concept employé par l'ancien chancelier Gerhard Schröder et repris par l'actuel ministre SPD des Affaires étrangères, Frank-Walter Steinmeier – alors que Moscou mène de plus en plus souvent une politique de puissance agressive – comme ce fut le cas en Géorgie à l'été 2008. Rejetant toute idée de relation germano-russe particulière, le député CDU estime *« qu'il n'y a pas d'équidistance pos-sible entre les Etats-Unis et la Russie »*. Si Moscou reste un partenaire essentiel pour la stabilité en Europe, l'Allemagne doit d'abord rester un allié fiable au sein de la communauté occidentale.

– S. M. –

Sebastian Sedlmayr, *Die aktive Außen- und Sicherheitspolitik der rot-grünen Bundesregierung 1998-2005*, Wiesbaden, VS Verlag für Sozialwissenschaften, 2008, 240 p.

L'auteur, chargé de mission à l'UNICEF, propose une étude de la politique étrangère et de sécurité du gouvernement de coalition rouge-vert de Gerhard Schröder de 1998 à 2005. Le travail s'appuie sur une analyse détaillée de documents et d'ouvrages, ainsi que sur des entretiens avec des hauts fonctionnaires des ministères concernés par les affaires étrangères. Le lecteur ne trouvera pas d'éléments nouveaux ou inédits, la liste est longue des publications qui ont déjà fait le bilan de cette politique. S. Sedlmayr parvient cependant, et de façon pertinente, à exposer les fondements de la politique étrangère et de sécurité du gouvernement rouge-vert, à les confronter aux décisions effectivement prises en la matière et à en tirer un bilan nuancé.

Ainsi, l'instrumentaire d'une politique « active » (dans le sens où sa mise en œuvre organisée découle d'une réflexion rationnelle sur les intérêts nationaux et les moyens disponibles) a été élargi dans tous les domaines et l'Allemagne de l'après guerre n'a jamais disposé d'une armée aussi « opérationnelle » que depuis 2005. Adoptant une attitude décomplexée sur la scène internationale et affirmant fermement ses intérêts, notamment vis-à-vis des Etats-Unis, la *« rhétorique de la continuité a laissé la place à la rhétorique de l'émancipation »*. L'auteur ne sous-estime pas les contradictions durables de ce gouvernement, tiraillé entre sa quête d'une politique en faveur du respect des droits de l'homme et la défense de ses intérêts économiques, notamment en matière de vente d'armes – même à des pays situés en zone conflictuelle. D'ailleurs, le postulat « La politique étrangère allemande est une politique de paix » qui apparaît, en 1998, dans le premier programme de coalition rouge-vert, disparaît dans le second, en 2002, au profit de formulations plus sobres et qui annoncent les grands défis du début du XXIe siècle : en tête des priorités du gouvernement, pour la seconde législature, on retrouve la maîtrise du processus de mondialisation, la lutte contre le terrorisme international et la gestion de conflits régionaux. Il est vrai que les évènements du 11 septembre 2001 ont plongé les acteurs allemands dans une longue phase de redéfinition de la politique de sécurité. L'ouvrage est bien structuré et comporte une bibliographie fournie.

– S. M. –

Thomas Kupfermann (éd.), *FKK in der DDR.. Sommer – Sonne – Nackedeis*, Berlin, Eulenspiegel, 2008, 159 p.

Le mouvement naturiste est né à la fin du XIXe siècle dans plusieurs pays européens à la fois – en réaction à une industrialisation grandissante – mais prend un essor important dans les pays scandinaves et surtout en Allemagne. Véritable phénomène de société, près de 10 millions d'Allemands, aujourd'hui, pratiquent le naturisme. Le terme de « *Freikörperkultur – FKK* » (culture du corps libre) apparaît dans l'entre-deux-guerres. Si les associations naturistes se recréent facilement en République fédérale d'Allemagne (RFA) après 1945, en rejettent les dérives imposées par le régime nazi – la pratique du sport nu devait contribuer à la bonne santé de la race germanique –, ces associations sont d'abords interdites en RDA, mais elles parviennent à s'organiser dès le début des années 1950. Ahrenshoop, au bord de la mer Baltique, devient dès 1953 un haut lieu du naturisme pour des artistes, acteurs et intellectuels est-allemands. Dans l'Allemagne communiste, la nudité s'est ensuite affirmée en mouvement populaire : « *Le mouvement FKK fut un mouvement de masse en RDA – le seul véritablement spontané* ». Ce n'est d'ailleurs pas un hasard si le « DDR Museum » à Berlin, inauguré en 2006, accorde une place importante à ce phénomène à la fin du circuit de visite.

L'ouvrage édité par Thomas Kupfermann est un recueil de souvenirs et de photos amateurs avec, notamment, un avant-propos de Hans-Joachim Welle dont les reportages, dans les années 1970, sur les 60 plages naturistes de la RDA, sont aujourd'hui devenus « cultes ». Le recueil ne verse pas dans l'*Ostalgie*, il réunit des témoignages d'Allemands originaires de l'ancienne RDA dont la vie personnelle, durant les quatre décennies de dictature communiste, a pu aussi être heureuse à certains égards. L'ouvrage démontre avec humour et sérieux que le naturisme était devenu un moyen très apprécié de passer en été les meilleures semaines de l'année, mais qu'il était surtout synonyme de liberté.

– Stephan MARTENS –

Isabelle Bourgeois (sous la dir. de), *Allemagne : compétitivité et dynamiques territoriales*, Cergy-Pontoise (Travaux et documents du CIRAC) 2007, 141 p.

Cet ouvrage collectif s'inscrit pleinement dans le débat sur la réforme du fédéralisme allemand dont il fut dit un temps que la lourdeur qu'il induisait dans le processus des prises de décision autant politiques qu'économiques affaiblissant la compétitivité de l'Allemagne et de ses entreprises. René Lasserre relève très justement à ce propos que « c'est au niveau des Länder que, pour l'essentiel, se conçoit, se décide et se construit la dynamique des territoires et que s'affirme ainsi la capacité de l'Allemagne à faire face aux mutations structurelles d'une économie hautement développée et largement ouverte sur le monde ». Mais ce modèle, déjà confronté au double défi de l'unification et de l'intégration européenne, l'est aujourd'hui encore plus à celui de la mondialisation tandis que les Länder pratiquent des politiques de développement spécifiques dans un cadre cependant régulé par l'Etat fédéral et l'Union européenne. L'ouvrage fournit d'excellents portraits d'un choix significatif de Länder (Rhénanie du Nord – Westphalie, Bavière, Bade-Wurtemberg, Hambourg, la saxe et le Brandebourg) et réserve une place à part à l'entreprise de mise à niveau des nouveaux Länder. Il voit dans le polycentrisme de la gouvernance territoriale allemande plus u atout qu'un poids pour l'avenir.

– J. V. –

Etienne François et Hagen Schulze (dir.) : *Mémoires allemandes*, trad. par Bernard Lortholary et Jeanne Etore, Gallimard, 2007, 796 p.

Pierre Nora éprouvait « *un mélange de plaisir et d'étonnement* » envers les projets utilisant la notion de « *lieux de mémoire* » qu'il avait lui-même élaborée dans les années 1980. Il écrivait dans la postface à l'ouvrage allemand « Deutsche Erinnerungsorte » (2001) sur son ambivalence à ce sujet : « *plaisir de voir que la notion de 'lieux de mémoire' s'avère utile à d'autres ; étonnement devant sa carrière internationale, alors même que dans sa rigueur et sa logique, je persiste à croire qu'elle n'est vraiment applicable qu'à la France* ».[1] Les éditeurs de l'ouvrage sur les lieux de mémoire allemands dont une sélection d'une trentaine d'articles est parue en France en 2007, Etienne François et Hagen Schulze, ont acquis la conviction de la faisabilité d'un projet allemand, inspiré par les sept volumes des « Lieux de mémoire » (1984-1992) [2] en 1994. Ils étaient cependant tout à fait conscients qu'une simple « importation » du modèle original français outre-Rhin n'aurait aucun sens. Scepticisme et réticences accueillirent le transfert de la conception française de Pierre Nora à l'histoire de l'Allemagne : un grand nombre d'historiens allemands voyaient en effet dans cette entreprise le dessein d'une écriture strictement nationale et par conséquent simplificatrice de l'histoire allemande [3]. Face aux ruptures, discontinuités et déchirures d'une gravité exceptionnelle dans l'histoire de l'Allemagne et des Allemands, E. François et son collègue allemand H. Schulze choisirent une conception ouverte pour offrir un panorama large des mémoires allemandes.

Il faut bien évoquer le moment discursif dans le travail sur le projet des lieux de mémoires allemands : E. François et H. Schulze animaient un séminaire à l'Université Libre de Berlin où ils testèrent pendant six semestres la possibilité d'analyser l'histoire de l'Allemagne en utilisant la catégorie des lieux de mémoire. De plus, les directeurs d'ouvrage organisèrent deux colloques afin de conceptualiser le cadre méthodologique et thématique de la publication. E. François parle à ce titre d'un long *« travail de décantation, d'expérimentation et de maturation »* [4]. Finalement, environ 120 entrées ont été retenues : « La Germanie » de Tacite (Michael Werner), la paix de Westphalie (Claire Gantet), la Volkswagen (Erhard Schütz), « Made in Germany » (Maiken Umbach), Neu-schwanstein (Catharina Clemens), Johann Sebastian Bach (Patrice Veit), le Mur (Edgar Wolfrum) ou le Reichstag (Berns Roeck) – pour ne citer que quelques exemples.

Le lecteur français trouve dans l'ouvrage dirigé par François et Schulze un kaléidoscope de l'histoire allemande. Il peut faire la connaissance des meilleurs spécialistes et lire autant d'articles sur des sujets classiques que de textes traitant de thèmes plus surprenants, comme les jardins ouvriers (Hermann Rudolph) ou la « Bundesliga » (Gunter Gebauer). De plus, François discute dans l'introduction les spécificités de l'histoire allemande et reconstruit le développement du projet sur les lieux de mémoire allemands.

Comparé au modèle français, on observe quelques différences majeures. Ce qui frappe, c'est d'abord le choix de lieux mixtes ou partagés : germano-français (Napoléon, Versailles), germano-polonais (Grunwald/ Tannenberg ou Willy Brandt s´agenouillant devant le mémorial du soulèvement du ghetto de Varsovie) ou encore judéo-allemands (Auschwitz). De plus, parmi les auteurs, nombreux sont les chercheurs non-allemands – un sur cinq. Enfin, les directeurs d'ouvrage ont adopté un autre principe d'organisation. Contrairement aux ouvrages édités par Pierre Nora en France et par Mario Isnenghi [5] en Italie, où les lieux de mémoire ont été regroupés autour de catégories fonctionnelles ou strictement descriptives (comme dates, paysages, personnages, etc.), Etienne François et Hagen Schulze ont rassemblé les entrées autour de dix-huit notions centrales, pour la plupart intraduisibles en français, comme *Bildung, Dichter und Denker, Heimat, Leistung, Reich, Volk*. Ces termes, riches de connotations, ont pour but de stimuler l'imagination du lecteur et de l'inviter ainsi à réfléchir au passé allemand.

Les trois volumes ont connu un grand succès sur le marché allemand du livre (plusieurs rééditions déjà) et ont été très bien accueillis par la plupart des historiens. Les échos dans les médias ont également été très favorables. Néanmoins, les détracteurs ont critiqué avant tout le choix arbitraire des entrées et l´absence de notions importantes comme Hitler et le troisième Reich. Paradoxalement, l'absence d'articles sur ces notions ne remet pas en cause la place centrale du nazisme dans l'ouvrage de François et Schulze : le survol du registre des personnes prouve que Hitler est le personnage le plus souvent mentionné dans les trois volumes. De plus, ce n'est pas par hasard que l'article sur Auschwitz (Peter Reichel) est le plus long de tous.

Si le mérite d´un tel registre revient aux directeurs d'ouvrage et à la maison d'édition allemande Beck, son absence dans la version française est fâcheuse. De même, les ouvrages de référence dans « Mémoires allemandes » ne sont pas forcément accessibles aux lecteurs non-germanophones. La traduction française d'une trentaine d'articles sur les lieux de mémoire allemands démontre une fois de plus l'intensité du transfert franco-allemand dans le domaine de l'historiographie dans les dernières années. On pense ici tout d'abord à la « belle alliance » entre les éditeurs Etienne François et Hagen Schulze »[6] et à la coopération entre le père du paradigme des « lieux de mémoire » Pierre Nora et les éditeurs de l'ouvrage allemand. Il faut également mentionner un volume sur les lieux de mémoire français traduit en allemand (2005) [7] et le manuel franco-allemand d'histoire dont le premier volume contient quelques passages sur les cultures mémorielles dans les deux pays. Il reste à savoir si l´utilisation de « l'histoire au second degré » (Pierre Nora) dans la didactique de l'histoire en Allemagne [8] aura du succès dans le pays d'origine des « lieux de mémoire ».

– Kornelia KOŃCZAL [9] –

Jean-Jacques Becker/Gerd Krumeich, *La Grande Guerre. Une histoire franco-allemande*, Paris, Tallandier, 2008, 379 p.

L'année 2008 a produit un nombre considérable d'études (d'inégale qualité) consacrées à l'histoire de la Grande Guerre. A l'approche des cérémonies du 11 Novembre – « point d'orgue » d'un programme commémoratif dont les grandes lignes furent tracées par la Commission « Becker » –, pas moins d'une cinquantaine d'ouvrages a paru pour évoquer ce qui devait être la « der des der ». Cette profusion éditoriale (très sensible en France) s'inscrit dans le retour de la guerre de 14-18 au sein de l'espace public européen, patent depuis une dizaine d'années maintenant. Le début des années 2000 avait déjà engendré un flot de publications marquées par la volonté de replacer le conflit dans une perspective longue, apportant ainsi une nouvelle justification au postulat établi en 1979 par l'historien américain George F. Kennan qui voyait dans celle-ci « la catastrophe fondatrice du 20e siècle ». La cuvée 2008 se démarque de cette tendance en ce qu'elle privilégie une approche dont l'*Historial de la Grande Guerre* (Péronne, Somme) s'est fait le chantre depuis 1992, année de sa construction. Nombre d'études intègrent en effet maintenant à l'histoire des événements, les opinions des populations concernées, combattantes ou non, leurs mentalités ainsi que leurs cultures avant, pendant et après la guerre. Cette « histoire à hauteur d'hommes » (Rémy Cazals/André Loez) mais aussi au ras des textes apporte des éclairages nouveaux sur le caractère total de ce qui fut avant tout une Grande Guerre européenne et plus précisément – eu égard à l'importance des moyens engagés – une guerre franco-allemande. Dans cette perspective, il semblait tout à fait légitime d'écrire une histoire de la guerre vue en même temps du côté allemand et du côté français.

C'est à cette tâche particulièrement ardue que deux des plus grands spécialistes de 14-18 – Jean-Jacques Becker et Gerd Krumeich – se sont attelés plus de quatre-vingts ans après la fin du conflit. Leur *histoire franco-allemande* de la Grande Guerre bouscule les perspectives « spontanément nationales » (p. 11). En s'appliquant à la compréhension de l'autre, elle jette un regard inédit sur un cataclysme qui a durablement marqué le destin des deux peuples et a été « la matrice de l'Europe » (p. 308). Composé de cinq grandes parties organisées de manière chronologique, le livre de Becker et de Krumeich s'attache, par-delà les événements militaires, à la vie des soldats et des civils, à l'évolution des systèmes politiques, à la mobilisation des sociétés et des économies, à la fluctuation du moral ainsi qu'à la naissance de ce qu'on a pris l'habitude d'appeler « les cultures de guerre ». A bien des égards, il se présente comme un compendium des travaux réalisés par les deux historiens et l'équipe internationale de l'*Historial* au cours des dernières années.

L'approche comparative permet de mettre en exergue des points de convergence et de divergence que la publication parsemée de tous ces travaux (recensés dans une bibliographie de 22 pages) n'avait pu faire apparaître avec une telle force. Cette méthode n'est nulle part aussi convaincante que dans le chapitre VIII (p. 111-128) consacré à l'étude du comportement des populations françaises et allemandes au cours de la guerre. L'analyse des conditions morales et matérielles dans lesquelles Français et Allemands de l'arrière vécurent entre 1914 et 1918 montre certes des différences fondamentales entre les deux pays : si le ravitaillement de la France ne fut jamais vraiment menacé, il fut très tôt un problème crucial pour l'Allemagne. Cependant, elle permet aussi de comprendre comment la guerre put durer aussi longtemps. Le moral des uns et des autres fluctua en fonction des problèmes de la vie quotidienne mais il tint dans l'ensemble jusqu'en 1918, date à laquelle l'Allemagne dont le consensus national avait eu à souffrir des événements politiques de 1917, s'effondra de manière irrémédiable. Cette question sous-tend d'ailleurs une grande partie d'un ouvrage multi-perspectiviste qui se présente comme l'accomplissement de deux carrières entièrement dédiées à l'histoire de la Grande Guerre. A une époque marquée par la revalorisation de la participation des Africains à la « Défense nationale », on regrettera néanmoins l'absence d'une réflexion sur l'empire colonial français, l'importance de son « utilisation » dans la conduite des opérations militaires – « Là réside l'une des raisons majeures de la défaite de l'Allemagne » (Jean-Yves La Naour, *Le Monde*, 10 novembre 2008) –, et l'impact de celle-ci sur la formation des

« cultures de guerre » allemandes et la poursuite de « la guerre après la guerre » pour faire allusion à une thématique chère à Gerd Krumeich. Dans ce cas, les travaux de Marc Michel, membre du Comité scientifique de l'*Historial* et auteur d'un ouvrage intitulé *Les Africains et la Grande Guerre. L'appel à l'Afrique (1914-1918)* (Paris, Karthala, 2003), aurait pu venir étoffer encore un peu plus un travail qui fera date dans l'historiographie de la Grande Guerre ainsi que dans l'histoire des relations franco-allemandes.

– Landry CHARRIER [10] –

Stephan Martens (sous la dir. de), *La France, l'Allemagne et la Seconde Guerre mondiale. Quelles mémoires*, Bordeaux (Collection « Crises du 20e siècle », Presses universitaires de Bordeaux) 2007, 290 p.

Ce très bel ouvrage de recherche publié sous la direction de Stephan Martens porte sur la mémoire de la Seconde Guerre mondiale en France et en Allemagne et dans les relations franco-allemandes comme le fait apparaître l'avant-propos du directeur d'ouvrage quand il pose les conditions du rapprochement franco-allemand après 1945, citant la formule à la fois réaliste et provocante de Klaus Harpprecht à la fin des années 1990 sur la viabilité du partenariat franco-allemand qui, selon lui, « était encore et toujours une question de guerre ou de paix »[11]. L'Europe a besoin de sortir de la « guerre civile des souvenirs ». Mais de quels souvenirs s'agit-il, doit-il s'agir. A cette questions, S. Martens répond, en se référant à A. Assmann, que « dans une société ouverte et pluraliste, les différents groupes sociaux ont des attitudes concurrentes face au passé. La mémoire est toujours émotionnelle et partielle, c'est pourquoi les mémoires sont conflictuelles ». L'ouvrage rassemble des contributions de sociologues, d'historiens, de politologues et de germanistes tant français qu'allemands. E. Husson traité de la mémoire de Vichy, P. Steinbach de la mémoire de la Seconde Guerre mondiale en Allemagne qu'il fait précéder d'une citation forte de Reinhold Schneider : « Faites pénitence, priez, taisez-vous/Honorez vos morts, tombés par votre faute ». Ce sont deux Français (H. Camarade et S. Martens) qui livrent une analyse à la fois riche en informations et en réflexions du débat allemand, sans oublier la question du « deuil impossible » abordée par N. Pelletier. L'occupation allemande en France est traité par un historien allemand, spécialiste de la question, Ahlrich Meyer [12]. Henning Meyer qui enseigne à l'Université de Bordeaux 3 et à celle d'Augsbourg étudie les mémoriaux en France (Centre national Jean Moulin, Mémorial de Caen et le Centre de la Mémoire d'Oradour sur Glane). Cette énumération fait apparaître un champ de regards croisées qui signale déjà un apaisement par la recherche et le travail de mémoire dans l'approche de difficiles sujets franco-allemands. Comme les manuels d'histoire franco-allemands, c'est un pas de plus fait sur la voie d'une histoire partagée. On relèvera encore qu'œuvre scientifique, ce livre est d'une lecture aussi aisée qu'enrichissante. Pour tous.

– Jérôme VAILLANT –

Pierre Vaydat, *Robert Vansittart (1881-1957). Une lucidité scandaleuse au Foreign Office*, Paris, L'Harmattan, 2008.

Professeur émérite de l'Université Charles de Gaulle-Lille 3, où il a enseigné la littérature allemande et l'histoire des idées, Pierre Vaydat a consacré ses recherches au militarisme prusso-allemand. Son dernier ouvrage traite d'un diplomate de carrière britannique, employé au Foreign Office, qui pourrait étonner ses lecteurs. Robert Vansittart est une figure historique méconnue que P. Vaydat veut « situer dans l'univers de la pensée politique ». Il fut placé « au cœur des processus diplomatiques » dans les années 1930, sans pour autant avoir de véritable pouvoir décisionnel en tant que sous-secrétaire d'Etat permanent aux Affaires étrangères (Permanent Under-Secretary of State for Foreign Affairs). Contre l'opinion publique et les responsables britanniques, il voulait ranimer l'Entente Cordiale et mettre en garde contre la tentation de pactiser avec Hitler. Il proposa de mettre en place un discours de contre-propagande, qui s'opposait à la tentative nazie d'asservir les esprits, d'où une importante production journalistique et de substantielles interventions à la Chambre Haute.

L'intérêt présenté par Vansittart réside essentiellement dans la clairvoyance avec laquelle il dénonça l'Allemagne hitlérienne et qui le fit taxer d'anti-germanisme. Mais

P. Vaydat va élargir le champ de son étude dans les douze chapitres que comporte son ouvrage. Dans le premier de cette biographie intellectuelle organisée thématiquement – « Jugements et polémiques », Vansittart apparaît comme celui qui critiquait tout autant la politique du Traité de Versailles que ceux qui prenaient en pitié une Allemagne humiliée. Personnage prestigieux, mais fort contesté, Vansittart fut sommé par Chamberlain dès 1937 de se démettre de ses fonctions et se vit attribuer un simple rôle de conseiller. La politique d'apaisement – à laquelle il se serait opposé – et la signature des accords de Munich de 1938 rencontrèrent toute son hostilité impuissante, mais il en condamna l'incohérence dans ses écrits autobiographiques. Pendant la guerre, il prit la parole à la BBC pour exhorter les Français à la résistance anti-allemande ou dénoncer le génocide. Après guerre, il s'exprima aussi sur le « déclin de la diplomatie » et prôna le surarmement des démocraties face à la menace totalitaire. Tant la SDN que l'ONU ne représentaient, à ses yeux, que « l'illusion de la sécurité collective ». Mais Vansittart n'est pas parvenu à développer une réflexion économique structurée, sans doute parce qu'il n'abandonna jamais l'idée que l'Angleterre puisse demeurer une puissance impériale.

Cet ennemi juré du pangermanisme, antisoviétique de surcroît, finit en 1950 par s'aligner sur les positions d'Ernest Bevin, le ministre travailliste des relations internationales, décédé en 1951, et assista à la désagrégation progressive de l'Empire britannique, sans pouvoir nullement l'empêcher. A sa mort en 1957, il était devenu une sorte de dinosaure, incapable de comprendre les grandes mutations de l'époque et tout juste capable de livrer des combats d'arrière-garde. L'histoire sociale et la question ouvrière lui avaient totalement échappé. La chronologie commentée met en perspective les événements qui ont eu une influence sur les idées et l'action de Vansittart. L'ouvrage comporte aussi des analyses condensées de ses principaux écrits, une bibliographie d'une vingtaine de pages et un index.

– A.-M. C. –

Karen Hagemann, Jean H. Quataert (Ed.), *Gendering Modern German History. Rewriting Histioriography*, Berghahn Books, New York, Oxford, 2007.

Comme le soulignent les éditeurs de cet ouvrage collectif, il est temps de prendre en compte les résultats des *Gender Studys* pour considérer l'histoire sous un angle nouveau, et ce à l'occasion des actes d'un colloque consacré aux problèmes méthodologiques et théoriques de l'histoire du XIXe et du XXe siècle. L'histoire de l'Allemagne se prête particulièrement au renouvellement d'une telle approche : nation tardive au développement industriel en décalage par rapport à celui des grands pays européens, pays où les problèmes d'identité et de passage à la modernité sont constamment l'objet de réajustements, l'Allemagne se trouve après la seconde guerre mondiale au cœur de la Guerre froide et d'un travail de retour sur le passé nazi, qu'elle réussit à maîtriser comme peu d'autres en Europe. Dans le cadre des *Gender Studys*, les hommes et les femmes, véritables acteurs de l'histoire, sont tous pris en considération à part égale, un point de vue qui apparaît dans l'historiographie allemande seulement dans les année 1970. En 2003 encore, en Allemagne, le corps des Professeurs d'Université ne compte que 10 % de femmes, un facteur d'explication du manque d'intérêt de telles études... C'est aussi pourquoi les deux éditeurs de cet ouvrage font le point, dans le chapitre douze, sur la recherche avec une importante bibliographie des ouvrages récents.

L'ouvrage est organisé de manière thématique tout au long des douze chapitres, le second étant consacré à l'objet de l'étude des *Gender Studys* (Angelika Schaser) autour du nationalisme et des identités. Karen Hagemann revisite l'histoire militaire et celle des guerres, un domaine où de grands changements sont intervenus dans les dernières années, tandis que Birthe Kundrus traite de la colonisation allemande. Belinda Davis évoque le rôle des femmes en politique et, grâce aux mouvements de protestation qu'elles initient, leurs efforts pour devenir des acteurs plus influents dans un monde dominé par les hommes. Kathleen Canning se penche sur l'histoire sociale. Claudia Koonz se focalise sur l'époque nazie et la Shoah pour montrer que l'apport des femmes y est encore négligé. Pour Ben Baader, l'histoire du judaïsme et de la judéité doit être appréhendée différemment de manière à ne plus y occulter la part des femmes et Benjamin Maria Baader fait le point sur les différentes approches aux Etats-Unis et en Allemagne. En reprenant les thèses développées par Max Weber, Ann Taylor Allen s'intéresse à l'histoire des religions et veut y déterminer la part des femmes. Atina Grossmann s'interroge sur les liens qui existent entre sexualité et politique. Robert G. Moeller traite de la famille, de son évolution au cours du XXe siècle et de la crise qu'elle traverse actuellement. C'est un ouvrage intéressant qui paraît en allemand et qui permet de mettre en perspective une recherche bien plus avancée aux Etats-Unis qu'en Allemagne.

– Anne-Marie CORBIN –

Martin Schieder, *Im Blick des Anderen Die deutsch-französischen Kunst -beziehungen 1945-1959*, Akademie Verlag, Berlin, 2005 (Passagen/ Passages Band 12), 500 p.

Cet ouvrage, qui a reçu le prix parlementaire franco-allemand en 2006, découle d'un programme de recherche du Centre allemand d'Histoire de l'art de Paris visant à éclairer les transferts culturels entre la France et l'Allemagne après 1945. A travers l'exemple de la peinture, l'historien de l'art Martin Schieder – à qui l'on doit notamment une étude sur les expositions organisées dans l'Allemagne de l'après-guerre par l'occupant français [13] –, s'est ainsi attaché à décrire les relations artistiques franco-allemandes, depuis la capitulation jusqu'à la seconde édition en 1959 de la *Documenta* de Cassel.

Cinq parties thématiques illustrent l'intensité et la complexité de ces relations en retraçant leur renaissance et leur évolution sur un plan politique (*Kunst und Politik*), privé (*Private Vermittler und die Avantgarden*), commercial (*Kunst und Kommerz*) et artistique (*Kunst und Künstler*), avant d'analyser le regard porté par chaque pays sur la peinture de l'autre (*Das Eigene und das Fremde*). Par-delà l'action menée à titre officiel par les autorités politiques des deux pays, cette étude très fouillée rend donc aussi hommage aux personnalités de la scène culturelle de l'époque, collectionneurs et amateurs d'art (Ottomar Domnick, Edouard Jaguer), peintres (Willi Baumeister, K.O. Götz, Hans Hartung, Francis Bott), marchands d'art (Otto Stangl, René Drouin, Daniel Cordier), critiques et historiens de l'art (Will Grohmann, Christian Zervos, Werner Haftmann, Herta Wescher), qui renouèrent un dialogue interrompu sous le Troisième Reich et œuvrèrent par leur engagement et leurs initiatives à la réconciliation franco-allemande. Agrémenté de photographies en noir et blanc et de plusieurs reproductions en couleur, doté aussi d'une abondante bibliographie, l'ouvrage de Martin Schieder contribue non seulement à la connaissance de l'histoire culturelle franco-allemande et européenne, mais il témoigne également de la place essentielle de l'art dans la compréhension et la coopération entre les peuples.

– Laurence THAISY –

Irmtraud Gutschke, *Hermann Kant. Die Sache und die Sachen*, Berlin (Das Neue Berlin) 2007.

Cet ouvrage est le résultat de cinquante heures d'entretien menées par Irmtraud Gutschke, rédactrice de la page littéraire de *Neues Deutschland* avec Hermann Kant, dont la critique ouest-allemande s'était empressée, après l'affaire Biermann, d'oublier la qualité d'écrivain (Reich-Ranicki mis à part !) pour ne plus voir en lui qu'un fonctionnaire dogmatique, président de l'Union des écrivains. La publication par Karl Corino en 1992 de « Die Akte Kant » (un document pourtant truffé d'inexactitudes), allait lui donner le coup de grâce et le livrer à la vindicte publique. En octobre 2007, Friedrich Schorlemmer qui fut pourtant un de ses plus virulents détracteurs, allant même jusqu'à réclamer en 1992 sa traduction en justice aux côtés de Honecker, Mielke et Karl-Eduard Schnitzler revient entièrement sur son jugement d'alors et écrit : *« Je ne peux que recommander la lecture de ce livre »*. On ne peut effectivement à la lecture de ces pages que porter un jugement autrement contrasté sur le rôle qu'a pu jouer Hermann Kant dans ses fonctions officielles et éprouver pour l'homme qui malgré les épreuves, a su garder sa dignité en refusant de se renier, une forme de sympathie. Ses réponses franches à des questions pourtant parfois gênantes permettent de mieux comprendre – qu'on les approuve ou non – les motivations qui furent les siennes, l'esprit dans lequel, à tort ou à raison, il a agi, les obstacles qu'il a cru pouvoir surmonter, les illusions aussi qu'il a nourries. Parmi ces illusions, le pouvoir qu'il croyait détenir ou au moins la marge de manœuvre qu'il croyait être la sienne du fait de sa relative liberté de parole, de ses relations avec tel ou tel dirigeant et qui lui auraient permis d'éviter, par exemple, une totale mise au pas de l'Union des écrivains. A-t-il eu raison ? Pour quel bénéfice ? On peut évidemment se poser la question. De même qu'on peut ne pas l'approuver lorsqu'il persiste à penser que le système était bon, mais malheureusement animé par des responsables obtus. Quoi qu'il en soit, on ne peut rétrospectivement qu'être choqué (le terme est faible) par la façon dont Hermann Kant a été traité après la Wende. Pourquoi a-t-on cru bon d'oublier que la parution (qui faillit être bloquée) de *Die Aula* représenta pour un large public une réelle bouffée d'air, d'oublier que *Das Impressum* avait paru en République fédérale avant de pouvoir être édité en RDA, d'oublier que Heiner Müller avait qualifié *Bronzeit* de « plus cinglante satire » qu'il ait eu l'occasion de lire ?

L'ouvrage nous livre une foule d'informations sur le microcosme de l'Union des écrivains, les manœuvres et mesquineries au sein de cette institution. Il nous fait toucher du doigt concrètement ce que pouvaient être les rapports entre les intellectuels et le pouvoir. Il nous offre aussi une galerie de portraits, parfois assassins, de certains dirigeants dont la caractéristique essentielle était l'étroitesse d'esprit, doublée d'une arrogance sans bornes. Mais ce regard lucide sur les autres, Hermann Kant sait aussi le porter sur lui-même, non du reste sans une pointe de vanité. Evoquant un de ses discours à l'Union des écrivains dont il avait soigneusement cultivé l'ambiguïté, il ajoute : *« C'est la forme d'arrogance dont je suis capable, j'ai toujours su que je pouvais faire passer beaucoup plus de choses qu'un autre. Il fallait donc que je mette cette capacité à profit, et j'y trouvais du plaisir »*. Plus loin, il dit : « En RDA la discussion n'était pas la chose la plus développée. On ne disait pas ordre, mais décret, pas obéir, mais convaincre ». On trouve également des passages intéressants sur ses rapports avec Wolf Biermann, sur le piège tendu à Stefan Hermlin (p. 107 et pp. 105-106), des portraits réussis de Ursula Ragwitz, chargée de la Culture au Comité Central du SED, et de la « bande des Quatre », Alfred Kurella, Alexander Abusch, Hans Rodenberg et Otto Gotsche.

Hermann Kant estime avoir été plus utile dans ses fonctions que nuisible en raison de la relative liberté de parole dont il jouissait ou croyait jouir, du fait de ses relations, mais il est une chose qu'on comprend mal : pourquoi, alors qu'il savait avoir affaire tout autour de lui à des « primitifs », a-t-il supporté toute cette surveillance, toute cette méfiance, ce désaveu ?

– Jean MORTIER –

Notes

1. Pierre Nora : Nachwort, traduit par Reinhard Tiffert, in Etienne François/Hagen Schulze (dir.) : *Deutsche Erinnerungsorte.* München 2001, vol. 3, p. 681-686. Traduction française selon : Alexandra Laignel-Lavastine : Des « Lieux de mémoire » à l'allemande, in : *Le Monde*, 16.03.2001.

2. Pierre Nora (dir.) : *Les lieux de mémoire.* 7 volumes. Paris : Gallimard, 1984-1992.

3. Entretien avec Etienne François, in : *European Review of History - Revue européenne d'Histoire*, vol. 10, n° 3, 2003, pp. 489-496.

4. *Op. cit.*

5. Mario Isnenghi (dir.) : I luoghi della memoria. 1 : Simboli e miti dell'Italia unita, 1996 ; 2 : Personaggi e date dell'Italia unita, 1997 ; 3 : Strutture ed eventi dell'Italia unita, 1997 Roma-Bari : Laterza 1996-1997.

6. Christoph Jahr : Deutsche Erinnerungsblätter. Ein Archiv des kollektiven Gedächtnisses, in : *Neue Zürcher Zeitung*, 11.07.2001.

7. Pierre Nora (dir.) : *Erinnerungsorte Frankreichs.* München : Beck. 2005, pp. 15-23.

8. Sabine Schmidt/Karin Schmidt (dir.): Erinnerungsorte – Deutsche Geschichte im DaF-Unterricht. Materialien und Kopiervorlagen. Berlin : Cornelsen, 2007.

9. Centre de Recherche Historique de l'Académie des Sciences de Pologne konczal@panberlin.de

10. Maître de conférences, Clermont-Ferrand II, « Centre d'Histoire espaces et cultures ». landrycharrier@gmail.com

11. Cf. Harpprecht, Klaus, Mein Frankreich. Eine schwierige Liebe, Hambourg (Rowohlt) 1999.

12. Meyer, Ahlrich, *L'occupation allemande en France 1940-1944*, Toulouse (Privat), 2002.

13. Martin Schieder, *Expansion/ Integration – Die Kunstaustellungen der französischen Besatzung im Nachkriegsdeutschland*, Deutscher Kunstverlag, Berlin, München, 2004 (Passerelles, Band 3).

COMPTES RENDUS

Notes de lecture de Jean-Claude FRANÇOIS

Livres sur la littérature et le théâtre

Revue Europe, n° 952-53, *Georg Büchner*, Paris, 2008, 380 p.

La revue *Europe* est l'une des plus anciennes de France, fondée en 1923 par Romain Rolland. Elle n'a pas cessé de paraître (sauf sous l'occupation), dirigée par des écrivains de gauche, de Louis Aragon à Jean Guéhenno, de Jean-Richard Bloch à Jean Cassou. Très éclectique, ses livraisons les plus récentes ont intéressé les germanistes : Adorno, Bloch, Jelinek, Wittgenstein, Yvan Goll, Bachmann, etc. Le dernier numéro contient un dossier de 172 p. sur Georg Büchner, constitué par Erika Tunner. Ses quatorze contributions illustrent et précisent différents aspects de l'œuvre brève et fulgurante du « messager hessois ». Elles s'appuient sur la publication solide des *Œuvres complètes* de Büchner (Le Seuil, sous la direction de B. Lortholary, 1988) et des *Dichtungen* (éd. par Henri Poschmann, DTV, 2006). Point n'est besoin d'être féru pour lire ce numéro spécial sur Büchner : plusieurs articles résument son action. Chacun de ses quatre grands textes fait néanmoins l'objet d'une relecture à la lumière des acquis récents de la recherche, en France (J.-L. Besson) et en Allemagne : *La Mort de Danton* (P. Silvain), *Léonce et Léna* (E. Tunner), *Woyzeck* (S. Braunschweig) et le récit *Lenz* (F. Campbon). On appréciera les articles sur la « réception » de Büchner : par Gutzkow, Lukacs, Canetti, Volker Braun. Certains textes sont inédits en français, et introduits par des notes propres à les « décrypter ». Au total : un volume à ranger bien en vue dans le rayon Büchner des bibliothèques.

Das Nibelungenlied, Mittelhochdeutsch-Neuhochdeutsch, éd. par Ursula Schulze, DTV n° 13693, Munich, 2008, 855 p.

L'Allemagne d'aujourd'hui a-t-elle encore à se soucier du *Nibelungenlied* ? Sans doute que oui, dans la mesure où cette épopée nationale en 10 000 vers et trente-huit « aventures » fait partie du bagage culturel que se lèguent les générations. La tétralogie de Wagner en fait aussi partie. Récemment, Moritz Rinke en a fait jouer une adaptation à Worms. Cette édition comble une lacune : une version « bilingue » de l'œuvre du 13e siècle traduite en allemand moderne par une spécialiste. L'annexe (75 pages) donne toutes les clés pour suivre l'inaltérable parcours des héros mythiques (très belle carte, du Rhin au Danube), et son illustration, de la fin du 18e siècle à nos jours. Un livre de bonne et plaisante pédagogie.

Florence Baillet, *Ödön von Horváth*, Belin, Paris, 2008, 228 p.

C'est un ouvrage de la collection « voix allemandes » (Michel Espagne en est le directeur), qui compte déjà une vingtaine de monographies. F. Baillet y a fourni un *Heiner Müller.* Son livre sur Horváth vient à son heure pour présenter la vie et l'œuvre de cet auteur austro-hongrois, né en 1901 et mort accidentellement à Paris en 1938. Les travaux initiaux sur Horváth sont déjà lointains (Ingrid Haag et l'auteur de ces lignes). F. Baillet reprend tous les acquis de quatre décennies de recherches et y ajoute sa propre vision synthétique. A juste titre, elle considère que la vie de l'auteur, ses pièces (dix-sept au total), ses romans et nouvelles forment un tout, qu'il faut considérer selon les trois périodes distinctes de sa courte existence. Mais il faut d'abord parler de cette « Mitteleuropa » qu'il incarne parfaitement, ce qui lui évita de tomber dans le fanatisme nationaliste – il en fut même l'adversaire déclaré. Les premières expérimentations (1923-1930), les « pièces populaires » sous la République de Weimar (1930-1933) et comment écrire en exil face au nazisme (1933-1938) : ces trois têtes de chapitre sont détaillées de façon très claire, en sous-chapitres allant de l'analyse de contenu à la classification esthétique. Le travail théâtral, la sémiologie, la réception par le public et la critique sont pris en compte. Le style est aussi agréable que la connaissance des méandres de la vie de Horváth, contraint à un demi-exil en Autriche, est bien étayée. L'écho rencontré par les œuvres de Horváth dans la presse sert beaucoup pour définir sa position politique : écrivain de gauche sans affiliation, réservant ses pointes les plus acérées à la « réaction » anti-républicaine. Le théâtre de Horváth fait partie intégrante du répertoire français (Comédie Française, Théâtre de la Ville cette année). Ses œuvres traduites sont accessibles (L'Arche, Christian Bourgois). Le livre, détaillé et plaisant, de Florence Baillet en sera désormais l'indispensable accompagnateur.

Hilda Inderwildi, Catherine Mazellier (éds.), *Le Théâtre contemporain de langue allemande*, L'Harmattan, Paris, 2008, 262 p.

Dans la collection « De l'Allemand » (direction Françoise Lartillot) vient de paraître un volume de contributions suscitées par l'actualité (au sens large : créations au théâtre, concours de recrutement, réactions aux grands événements). Les auteurs sont des spécialistes du drame allemand contemporain, ou des auteurs (comme Kathrin Röggla, Rebekka Kricheldorf, Jens Roselt pour le domaine autrichien). Des noms connus sont à l'affiche (Jelinek, Peter Weiss, Thomas Bernhard, Botho Strauss), comme des très contemporains qui commencent à « percer » en France (Einar Schleef, Moritz Rinke, René Pollesch). Un très utile complément aux publications bilingues des éditions PUM (Presses universitaires du Mirail, Toulouse) sous le vocable « Nouvelles scènes allemandes » (près de dix titres parus, dont AA a rendu compte).

Livres sur l'histoire et la civilisation

Rainer Rother, Karin Herbst-Meßlinger (éds.) *Hitler darstellen*, edition text + kritik, Munich, 2008, 160 p.

Sait-on que l'on peut compter plus de cent titres de films (y compris pour la télévision) où Hitler est incarné par un comédien ? Le succès de *Der Untergang* (*La Chute*), en 2004, a incité la Deutsche Kinemathek (Berlin) à organiser un colloque sur le personnage « Hitler » comme rôle à assumer. C'est le fruit de ce colloque (octobre 2007) que ces dix articles de spécialistes de la Filmwissenschaft. Ils analysent ce corpus filmique, selon différents axes : le lieu de production (Hollywood, l'Union Soviétique), les rapports avec les documentaires, les relations avec la science historique, la psychopathologie, les réactions du public, etc. de nombreuses photos, souvent peu connues – mais Lubitsch (*To be or not to be*, 1942) et Fritz Lang (*Man Hunt*, 1941) sont considérés comme les grands fondateurs, au même titre que Chaplin. La lecture est très instructive, pour des études d'histoire avant tout.

Text + kritik, *Juden. Bilder*, Munich, 2008, 126 p.

Il s'agit d'une livraison de la célèbre revue (n° 180), qui rompt avec sa tradition plutôt monographique. Dix auteurs de différentes disciplines nous proposent des analyses sur « l'image des juifs » depuis 1945, en pays de langue allemande. Il est logique que le panorama s'ouvre sur la problématique créée par la pièce de Max Frisch, *Andorra* (1961) : l'antisémitisme comme « modèle » de toute société qui a besoin de boucs émissaires pour exister. Dans ce contexte, la spécificité de l'antisémitisme de l'Allemagne (et de l'Autriche) risque d'être mise au rang de simple et terrifiante illustration. Si l'antisémitisme est partout, il peut aussi être nulle part pire qu'ailleurs. La position de plusieurs écrivains sur cette problématique est développée au fil des articles : Alfred Andersch, Jean Améry, Ernst Jünger, Bruno Apitz, Martin Walser. Le « Heimatfilm » après 1945, malgré sa médiocrité, est jugé digne d'attention. Le contenu des manuels scolaires (les juifs, la culture juive, l'Etat d'Israël) est aussi passé au crible. Et le volume se clôt sur une interrogation : existe-t-il un « antisémitisme littéraire », qui serait plus fréquentable ? A mettre à la portée de tous, mais où le classer, dans quel rayon de bibliothèque ?

Wolfgang Seidel, *Wo die Würfel fallen*, DTV n° 34524, Munich, 2008, 255 p.

Le sous-titre de ce manuel d'histoire et de civilisation est explicite : les expressions qui ont fait l'histoire. Il est toujours utile de remonter aux sources, tellement les discours (articles, prises de parole) sont truffés d'allusions. La compréhension est à ce prix. L'ordonnancement est chronologique (de l'Antiquité à notre 21e siècle), les « entrées » (plus de cinq cents) sont majoritairement allemandes, mais aussi européennes, dans la mesure où tout se tient dans ce monde des citations. Dans les cinq grands chapitres, les époques prennent de la densité, à partir de « la prise de la Bastille » jusqu'au « changement de climat » (la moitié du volume). Les anglicismes s'implantent dans le monde allemand (Beat generation, Babyboomer), mais le « génie de la langue résiste à cette tendance (Pillenknick, Lauschangriff, Retortenbaby). Un livre à consulter au fil des lectures, des traductions. Une bonne chronologie et un index guideront utilement les lecteurs de tous âges.

Stefan Burgdorff et Klaus Wiegrefe (éds), *Der erste Weltkrieg, die Ur-Katastrophe des 20. Jahrhunderts*, DTV n° 34512, Munich, 2008, 315 p.

L'expression Ur-Katastrophe est juste. Cette guerre de 1914-18 est la mère de toutes les autres catastrophes du 20e siècle : Hitler, Staline, la guerre de 1939-1945, les camps, le rideau de fer sont des suites de ce désastre initial. Il est bon de redire la nouveauté de cette « boucherie » inimaginable : la modernisation des armes (canons, obus, gaz, etc.). Le DTV a fait appel à des rédacteurs et historiens du *Spiegel* pour aborder, de façon très lisible, 34 chapitres ouverts à la curiosité de générations actuelles. Leurs réponses démontent certains mythes et accusent, sans parti pris. Quelques exemples, pris au début de ce livre-enquête : la responsabilité de l'empereur Guillaume II, la folie nationaliste des intellectuels des deux bords, le prétendu enthousiasme des foules. La répartition des articles est géographique : le front ouest, les fronts à l'est, la situation intérieure de l'Allemagne en guerre.

Une surprise : la découverte récente, dans les archives françaises, de photos en couleurs, selon un procédé inventé par les frères Lumière. L'effet est stupéfiant, même s'il s'agit d'images demandant un long temps de pose (ruines de Reims, « poilus » dans les falaises de craie, zouaves algériens). Ce livre devrait compléter utilement le nouveau manuel d'histoire binational.

Du côté des traductions

Dans le cadre de la Saison culturelle européenne en France (2e semestre de 2008) les « éditions THEÂTRALES » (dont nous avons déjà souligné les mérites dans AA) ont eu la tâche d'éditer une pièce représentative de l'actualité dramatique des pays constituant l'Union européenne. Pour ce qui constitue notre champ, cela donne deux textes, très bien traduits, prêts pour une carrière en français.

Händl Klaus, *Le charme obscur d'un continent*, t.f. d'Henri Christophe, Paris, 2008, 90 p.

Cet auteur autrichien (né en 1969 à Innsbruck) a été remarqué par la critique allemande comme le « meilleur auteur 2006 » par la revue-phare *Theater heute*). Les trois personnages de sa pièce (un homme, deux femmes, qui ne portent qu'un prénom) se livrent à un duel verbal en trois séquences. La pièce est bâtie sur le rythme rapide des répliques. A la manière des *Diablogues* de Rolland Dubillard, une banale conversation sur un appartement en destruction/reconstruction devient la métaphore de la vie de notre temps et de notre nouveau siècle.

Anja Helling, *Bulbus*, t.f. d'Henri Christophe, Paris, 2008, 60 p.

L'auteure est née en 1975, et elle est reconnue comme l'une des meilleures de sa génération dans les « capitales » du jeune théâtre (Berlin, Hambourg, Munich et Vienne). Selon le canon du théâtre « post-dramatique », il n'y a pas d'action au sens classique, seulement des personnages dont on doit reconstituer l'identité à partir des répliques. Bulbus est un village de montagne où l'on joue au curling. La vie n'y existe pas, à vrai dire, ou n'y existe plus, comme dans la légende de la ville engloutie. (On peut demander son catalogue à « éditions THEÂTRALES », 20 rue Voltaire, 93100, Montreuil-sous-Bois)

La maison d'éditions L'Arche publie deux livres : une nouvelle traduction d'une pièce de Brecht, et la traduction de quatre pièces de Falk Richter, auteur révélé par l'actualité du théâtre en Allemagne (et plus particulièrement à Berlin).

Bertolt Brecht, *Sainte Jeanne des abattoirs*, t.f. de Pierre Deshusses, L'Arche, Paris, 2008, 140 p.

On sait que cette dernière grande pièce berlinoise de Brecht fut interdite par les nazis en 1933 (la création était prévue à Darmstadt). Elle ne fut réellement créée qu'en 1959 après la mort de l'auteur, à Hambourg, par Gustav Gründgens. On peut la rattacher au cycle des « pièces didactiques », dont elle n'a cependant pas la brièveté et la raideur. Elle a pour sujet la crise de 1929 et ses suites (à Chicago, dans le marché de la viande). Cette sainte Jeanne (nommée Dark !) est officier de l'Armée du Salut : le cadre plaisait à Brecht pour son côté spectaculaire et musical (utilisé dans deux autres textes de l'époque, *Happy End* et *Le Commerce de pain*, qui eurent un certains succès, bien des années après, mis en scène par le Berliner Ensemble). La nouvelle traduction (elle remplace celle de Gilbert Badia, qui est toujours au catalogue, volume 2 du *Théâtre complet*, de 1974) s'efforce de reproduire l'allure parodique du langage brechtien : versification, rimes approximatives, citations de la Bible plus ou moins « retournées ». On sait que Brecht adorait le cabaret, avec cette *Sainte Jeanne*, on est bien servi. La crise, qui sévit actuellement aux Etats-Unis, et ailleurs, semble avoir été prévue dans ses moindres détails concrets.

Falk Richter, *Hôtel Palestine, Electronic city, Sous la glace, Le Système*, t.f. d'Anne Monfort, L'Arche, Paris, 2008, 170 p.

Falk Richter est né en 1969. Il a écrit sa première pièce en 1996. Il mène une double carrière d'écrivain et de metteur en scène (Hambourg, Berlin, Zurich). Son style relève du « théâtre post-dramatique » : pas d'action, tout juste une situation, et avant tout une mise en cause du langage moderne, « mondialisé ». Ses personnages, ou plutôt ses locuteurs, sont des êtres interchangeables, sans identité autre que leur « job » : des journalistes, des consultants, des prénoms (Bob, Tom, Joy et même... Jean Personne).

La performance des comédiens se doit d'être à la hauteur de la charge satirique. Comment parler ce langage, truffé de locutions anglaises (un anglais d'aéroports, d'ordinateurs), concernant le management, les ressources humaines, les manœuvres bancaires, la télévision ? Dans la deuxième pièce, un ahuri, Tom, est incapable de dire où il se trouve, tellement tout se ressemble dans cette « world company » : les salles de conférence, les chambres, les films porno. Le « système » fait que tout est spectacle, tout est virtuel, instable, éphémère. Il y a évidemment beaucoup de nostalgie dans ce dérèglement incontrôlé de tous les sens.

Index des auteurs publiés et des auteurs traités dans *Allemagne d'aujourd'hui* en 2008

Auteurs publiés

* Les numéros de page pour le n° 185 correspondent à la deuxième version corrigée du numéro.

Auteurs traités

abonnement
DIFFUSION

Chers abonnés,

Ce numéro est le premier de la série 2009. Il ne comporte que 120 pages, mais au format à la française, cela équivaut à un ancien numéro de 160 pages. Il succède, par ailleurs, à des numéros qui, au 2e semestre 2008, ont été particulièrement volumineux : le N° 185 comprenait 168 pages, le N° 186, 200 pages. Et puis, nous aurons en 2009 une série de solides dossiers dans lesquels nous continuerons notre effort d'explication de l'Allemagne. Nous vous proposerons en cette année anniversaire – 60e anniversaire de la fondation de la RFA (et de la RDA) et 20e anniversaire de la chute du Mur – qui sera aussi une année riche en élections – il y aura en particulier de nouvelles élections fédérales – des dossiers consacrés aux **« Tabous de l'histoire dans les deux Allemagnes avant 1989 et après la réunification » (N° 188 II-2009),** aux **« Elections fédérales de septembre 2009 »** et au thème **« Etre allemand de l'Est en 2009 » (N° 190 IV-2009)** ainsi qu'un important numéro spécial intitulé **« La mémoire de trois fondations » (N° 189 III-2009).** Vous recevrez également un **numéro hors série**, à paraître à l'automne, dans lequel **Jean-Pierre Hammer** rappelle ses contributions à la revue, à laquelle il est attachée depuis sa renaissance en 1966. Il étudie ainsi des auteurs et des personnalités tels que W. Biermann et R. Havemann, C. Wolf, P. Huchel, J. Fuchs, etc. En retraçant son propre parcours face à la RDA et à la Stasi, il retrace en même temps celui de la revue « Allemagne d'Aujourd'hui » face à la RDA.

Avec l'arrivée de ce premier numéro de l'année 2009, c'est le moment, si vous ne l'avez déjà fait, de vous réabonner pour 2009. Les tarifs restent inchangés par rapport à 2008. Pour vous réabonner, vous pouvez utiliser le bulletin d'abonnement joint à ce numéro en fin de volume ou vous réabonner sur notre site internet :

http://allemagne-aujourdhui.septentrion.com

Nous espérons pouvoir compter sur votre soutien en 2009.

– La rédaction –

Abonnement

Presses Universitaires du Septentrion Diffusion
Rue du Barreau - BP 199 -
F 59654 Villeneuve d'Ascq Cedex
Tél. : + 33 (0)3 20 41 66 80
Fax : + 33 (0)3 20 41 66 90
Site internet :
http://allemagne-aujourdhui.septentrion.com
Email : septentrion@septentrion.com

Tarif des abonnements 2009

Ordinaire 38 € - Etudiant 30 €
Soutien 55 € - Etranger 50 €
Prix du numéro ordinaire : 12 € (franco de port)

Règlement par chèque barré à l'ordre des PU du Septentrion
Virement à son compte bancaire :
Banque Populaire du Nord, agence de Marcq en Barœul
N° compte : 13507 00145/ 00272831900 54
Carte bancaire Visa : indication du n° de carte et de sa date d'expiration.

Les abonnements partent du 1er janvier. Sans avis contraire de l'abonné parvenant à Presses Universitaires du Septentrion Diffusion avant le 15 janvier, l'abonnement est automatiquement reconduit.

La revue Allemagne d'Aujourd'hui
est éditée par l'ACAA,
Association pour la Connaissance de
l'Allemagne d'Aujourd'hui.

Le service de la revue est compris dans la cotisation annuelle. Mais il est possible de s'abonner à la revue sans appartenir à l'ACAA.

Des conditions exceptionnelles sont par ailleurs réservées aux membres de l'association pour toutes les manifestations que celle-ci organise.

8 rue Faraday - 75017 Paris
Président : Jean-Claude FRANÇOIS
Présidents d'honneur : Pierre ANGEL (1913-2007)
Jean FOURQUET (1899-2001)-Jacques GRANGE
(1923-1999)
Pour adhérer :

Tarif 2009
Droit d'entrée : 38 € (Etudiant : 30 €)

Cotisation annuelle :
Membre actif : 35 € (à l'étranger : 45 €)
Etudiant : 28 €
Membre d'honneur : 55 €

BULLETIN D'ABONNEMENT/RÉABONNEMENT 2009

à retourner à Presses Universitaires du Septentrion Diffusion

Rue du Barreau - B.P. 199 - F59654 Villeneuve d'Ascq Cedex
Fax : +33 (0)3 20 41 66 90 - E-mail : septentrion@septentrion.com
internet : http//allemagne-aujourdhui.septentrion.com

Nos 187 - 188 - 189 - 190 - hors série de J.-P. Hammer

Je soussigné(e) Nom .... Prénom ....

demeurant à *(adresse complète avec l'indication du code postal et du pays)*

....

....

m'abonne / me réabonne à la revue

Allemagne d'Aujourd'hui

Le prix de l'abonnement annuel est de :

Tarif 2009

En France : Ordinaire 38 € ☐ Etudiant 30 € ☐ Soutien 55 € ☐
A L'étranger : Ordinaire 50 € ☐

Ci-joint mon règlement
❐ par chèque bancaire à l'orde des P.U. du Septrention
❐ par virement bancaire au compte des P.U. du Septentrion :
Banque Populaire du Nord, agence de Marcq en Barœul
N° Compte : 13507 / 00145 / 00272831900 54
❐ par carte bancaire visa N°..

expirant .... cryptogramme ....

Signature

Allemagne d'Aujourd'hui vous a intéressé(e). La revue pourrait intéresser d'autres personnes que vous connaissez. Sur votre recommandation, nous ferons parvenir un specimen aux personnes dont vous nous indiquerez l'adresse :

Nom et adresse ....

....

Nom et adresse ....

....